朝倉物理学選書
4

鈴木増雄・荒船次郎・和達三樹 編集

熱・統計力学

岡部 豊 著

朝倉書店

編　者

鈴木増雄　東京大学名誉教授・東京理科大学教授
荒船次郎　大学評価・学位授与機構特任教授・東京大学名誉教授
和達三樹　東京理科大学教授・東京大学名誉教授

「朝倉物理学選書」刊行にあたって

 2005年は，アインシュタインが光量子仮説に基づく光電効果の説明，ブラウン運動の理論および相対性理論を提唱した年から100年後にあたり，全世界で「世界物理年」と称しさまざまな活動・催し物が行われた．朝倉書店から『物理学大事典』が刊行されたのもこの年である．

 『物理学大事典』(以降，大事典とする) は，物理学の各分野を大項目形式で，できるだけ少人数の執筆者により体系的にまとめられ，かつできるだけ個人的な知識に偏らず，バランスの取れた判りやすい記述にするよう留意し編纂された．

 とくに基礎編には物理学の柱である，力学，電磁気学，量子力学，熱・統計力学，連続体力学，相対性理論がそれぞれ一人の執筆者により簡潔かつ丁寧に解説されており，編者と朝倉書店には編集段階から，いずれはこれを分けて単行本にしては，という思いがあった．刊行後も読者や執筆者からの要望もあり，まずはこの基礎編を，大事典からの分冊として「朝倉物理学選書」と銘打ち6冊の単行本とすることとした．単行本化にあたっては，演習問題を新たにつけ加えたり，その後の発展や図を加えたりするなどして，教科書・自習書としても活用できるようさらに充実をはかった．

 分冊化によって，持ち歩きにも便利となり若い学生にも求め易く手頃なこのシリーズは，大学で上記教科を受け持つ先生方にもテキストとしてお薦めしたい．また逆に，この「朝倉物理学選書」が，物理学全分野を網羅した「大事典」を知るきっかけになれば幸いである．この6冊が好評を得て，大事典からさらなる単行本が生み出されることを期待したい．

編者　鈴木増雄・荒船次郎・和達三樹

はじめに

　熱とか温度が関与する物理現象を扱う学問体系が熱力学である．加熱により調理を行っているし，冷暖房により快適な住環境を保つなど，熱力学の対象は大変身近なものである．歴史的にも，産業革命の時代に熱効率のよい蒸気機関を開発する過程で，熱的な現象に関する理論的な考察が進んだ．また，現代において，環境問題，エネルギー問題を考える上でも重要である．熱力学では，体系全体に関するマクロな物理量の間の法則性を調べる．一方，物質が原子や分子のような非常に小さな粒子から成っているので，このようなミクロな粒子から出発してマクロな量の示す法則を議論する学問体系が統計力学である．統計力学においては，粒子の個々の運動を議論するのではなく，統計的な性質を扱う．非常に多くの粒子を対象とすることにより，簡単な法則性が生まれることになる．熱力学・統計力学は，物理学の学問体系の中で基礎的な分野の一つとしての位置を占めるが，学習する上で，力学などと比べて取り付きにくい印象をもたれているのではないか．熱・統計力学では不可逆現象も扱うこと，また，マクロな熱力学とミクロな統計力学の取扱いのギャップがあり，両者の関連がわかりにくいなどがその理由であろう．

　本書は『物理学大事典』（朝倉書店，2005）の1章として書かれたものを基にしている．熱力学から統計力学，非平衡統計力学をカバーし，項目ごとに解説をする形をとっている．単著として出版するにあたっては，半期2コマ程度の熱・統計力学の講義の教科書として使うことを想定して，多くの加筆修正を行った．まず，「相互作用のある系の統計力学」の章を新たに設け，不完全気体，相転移の統計力学，ツァリス統計を扱った．講義の

時間的余裕に応じて，この章の項目の内からとりあげることが考えられる．また，各章に演習問題を加え，巻末にその解答を載せた．理想気体のエントロピーなど，同じ量をいろいろな観点から議論をして，全体として系統性を保つようにした．それにより，前述の熱・統計力学のわかりにくさを少しでも解消するように努めた．

　これまで学生から受けたいろいろな質問が，本書の執筆の参考になった．『物理学大事典』の原稿にご教示をいただいた，編集委員の鈴木増雄先生に感謝する．また，出版にあたっては，朝倉書店編集部にお世話になり，お礼を申し上げる．

2008 年 4 月

岡 部　　豊

目　　次

0 章　歴史と意義　　　　　　　　　　　　　　　　　　　　　1

1 章　熱力学　　　　　　　　　　　　　　　　　　　　　　　5
  1.1　温　度 5
    1.1.1　熱平衡 5
    1.1.2　状態量 5
    1.1.3　温　度 6
    1.1.4　熱と熱量 6
    1.1.5　内部エネルギー 6
    1.1.6　状態方程式 6
  1.2　熱力学第 1 法則 7
    1.2.1　ジュールの実験 7
    1.2.2　熱力学第 1 法則 8
    1.2.3　微小変化 8
    1.2.4　準静的変化と外力が気体にする仕事 9
    1.2.5　熱容量と比熱 9
  1.3　熱力学第 2 法則 10
    1.3.1　可逆過程と不可逆過程 10
    1.3.2　クラウジウスの原理とトムソンの原理 10
    1.3.3　サイクルと熱機関 11
    1.3.4　カルノーサイクル 11
    1.3.5　サイクルの仕事効率 12
    1.3.6　熱力学的温度 13

	1.3.7 クラウジウスの式	14
	1.3.8 エントロピー	14
	1.3.9 エントロピー増大の法則	16
1.4	熱力学関数	16
	1.4.1 ルジャンドル変換と熱力学関数	16
	1.4.2 エンタルピー	17
	1.4.3 ヘルムホルツの自由エネルギー	17
	1.4.4 ギブスの自由エネルギー	17
	1.4.5 マクスウェルの関係式	18
	1.4.6 熱容量に関する関係式	19
	1.4.7 化学ポテンシャル	19
	1.4.8 熱平衡の条件	20
	1.4.9 熱力学的不等式	21
1.5	熱力学第 3 法則	23
1.6	理想気体	23
	1.6.1 理想気体の状態方程式	23
	1.6.2 理想気体の熱容量	24
	1.6.3 等温線と断熱線	25
	1.6.4 理想気体のカルノーサイクル	26
	1.6.5 ベルヌーイの関係	27
	1.6.6 理想気体の内部エネルギー	28
	1.6.7 理想気体のエントロピー	29
1.7	ファンデルワールス気体	29
	1.7.1 ファンデルワールスの状態方程式	29
	1.7.2 ファンデルワールス気体の熱容量	30
	1.7.3 ファンデルワールス気体の等温線	30
	1.7.4 臨界点	31
	1.7.5 臨界圧縮因子	31

演習問題 32

2章　平衡系の統計力学の原理　　35

2.1　ボルツマンの原理 35
2.1.1　位相空間とリウビルの定理 35
2.1.2　等確率の原理とエルゴード仮説 36
2.1.3　状態数 36
2.1.4　結合系の熱平衡 37
2.1.5　古典理想気体の計算 38
2.1.6　ボルツマンの原理 40
2.1.7　エントロピーの加法性 40
2.1.8　ギブスの定理 40
2.1.9　スターリングの公式 41
2.1.10　理想気体のエントロピーの示量性 ... 42
2.1.11　量子調和振動子の計算 42

2.2　アンサンブル理論 44
2.2.1　ミクロカノニカルアンサンブル 45
2.2.2　カノニカルアンサンブル 45
2.2.3　状態和 45
2.2.4　カノニカル分布における平均値 48
2.2.5　状態和と自由エネルギーの関係 48
2.2.6　ボルツマン–シャノンエントロピー .. 49
2.2.7　独立な系の状態和の分離 49
2.2.8　量子調和振動子の計算 50
2.2.9　グランドカノニカルアンサンブル ... 51
2.2.10　化学ポテンシャル 52
2.2.11　熱力学ポテンシャル 53
2.2.12　状態和と大きな状態和 54

目次

- 2.3 統計集団とゆらぎ 55
  - 2.3.1 エネルギーのゆらぎ 55
  - 2.3.2 粒子数のゆらぎ 56
- 演習問題 57

3章 統計力学の手法　　　　　　　　　　　　　　　　　59

- 3.1 量子統計 59
  - 3.1.1 ボース粒子とフェルミ粒子 59
  - 3.1.2 量子力学とスピン 59
  - 3.1.3 完全対称波動関数と完全反対称波動関数 60
  - 3.1.4 スレーター行列式 60
  - 3.1.5 パウリ原理 61
  - 3.1.6 ボース統計，フェルミ統計，分数統計 61
  - 3.1.7 粒子数表示 62
  - 3.1.8 大きな状態和 62
- 3.2 フェルミ統計 63
  - 3.2.1 フェルミ分布 63
  - 3.2.2 フェルミ粒子系のエントロピー 64
- 3.3 ボース統計 64
  - 3.3.1 ボース分布 64
  - 3.3.2 ボース粒子系のエントロピー 65
- 3.4 古典統計 65
  - 3.4.1 ボルツマン統計 65
  - 3.4.2 状態密度 66
  - 3.4.3 熱的ドブロイ波長 66
- 3.5 理想フェルミ気体 67
  - 3.5.1 理想フェルミ気体 67
  - 3.5.2 フェルミエネルギー 67

          3.5.3　低温における展開 69
          3.5.4　フェルミ縮退 71
    3.6　理想ボース気体 72
          3.6.1　理想ボース気体 72
          3.6.2　ボース–アインシュタイン凝縮 73
          3.6.3　比熱の振る舞い 76
          3.6.4　ヘリウム 4 とラムダ転移 78
          3.6.5　原子気体のボース–アインシュタイン凝縮 79
    演習問題 80

4 章　相互作用のある系の統計力学　　　　　　　　　　83
    4.1　不完全気体 83
          4.1.1　古典気体の状態和 83
          4.1.2　キュミュラント平均 85
          4.1.3　メイヤーの f 関数とビリアル展開 86
    4.2　相転移の統計力学 89
          4.2.1　イジングモデルと強磁性 89
          4.2.2　平均場近似 89
          4.2.3　臨界現象 93
          4.2.4　スケーリング理論とくりこみ群理論 95
    4.3　ツァリス統計 97
          4.3.1　ツァリスエントロピー 97
          4.3.2　q–指数関数, q–対数関数, q–積 98
          4.3.3　ツァリス統計力学の応用 98
    演習問題 99

5 章　非平衡系　　　　　　　　　　　　　　　　　　　　101
    5.1　ブラウン運動 101

	5.1.1 ブラウン運動	101
	5.1.2 ランジュバン方程式	101
	5.1.3 アインシュタインの関係	103
5.2	線形応答	105
	5.2.1 輸送係数	105
	5.2.2 フォンノイマンの方程式	105
	5.2.3 久保公式	106
	5.2.4 電気伝導度の計算	107
	5.2.5 応答関数, 緩和関数, 複素感受率	108
	5.2.6 揺動散逸定理	109
5.3	雑音	109
	5.3.1 パワースペクトル	109
	5.3.2 ウィーナー–ヒンチンの定理	110
	5.3.3 ナイキストの定理	111
5.4	ボルツマン方程式	112
	5.4.1 ボルツマン方程式	112
	5.4.2 緩和時間近似	112
	5.4.3 固体中の電子の運動	113
5.5	フォッカー–プランク方程式	114
	5.5.1 速度分布の時間発展	114
	5.5.2 フォッカー–プランク方程式の応用	115
5.6	その他の理論について	115
	演習問題	115

参考文献   **117**

演習問題の解答   **118**

索 引   **136**

0章
歴史と意義

　私たちの身のまわりにはいろいろな熱的な現象があり，それを日常生活のなかで利用している．このような熱的な現象を扱う理論体系として，圧力や体積や温度などの体系全体に関するマクロな物理量のあいだの法則性を調べる方法が熱力学として確立している．一方，現在では，物質が原子や分子のような非常に小さな粒子から成っていることを私たちは知っている．このようなミクロな世界から出発してマクロな世界の法則を示そうとする学問体系が統計力学といわれる．

　古代ギリシャに遡ってみると，アリストテレス (Aristoteles) の4元素説では，火は4つの元素の一種とみなされていた．熱を物質とみる考えは燃素説など，18世紀にいたるまで支配的であった．熱現象の物理学の本格的な発展はブラック (J. Black) が1760年ごろに，温度と熱量の区別を明確にし，熱容量の概念を確立したことに始まったといえる．いくつかの熱力学の概念は，熱素の存在を仮定して形成されていったものもある．熱とエネルギーが等価であることを法則として示したのはマイヤー (J. R. Mayer) であるが，さらに明瞭に実験で示したのはジュール (J. P. Joule) である．落下するおもりに結びつけた糸によって，水中の羽根車を回転させて水の温度上昇を測定した，歴史に残る「ジュールの実験」を1845年に行った．

　イギリスの産業革命のなかで，ワット (J. Watt) は熱効率のよい蒸気機関を開発することに努めていた．その熱機関の効率を理論的に考察したのがフランスのカルノー (S. Carnot) で，1824年に刊行した「火の動力，お

よびこの動力を発生させるのに適した機関についての考察」では，単に熱機関の設計の指針を与えるだけでなく，熱力学という新しい学問の芽となる重要な内容を含んでいた．カルノーの論著はほとんど学界に知られなかったが，クライペロン (E. Clapeyron)，トムソン (W. Thomson) [後にケルビン (L. Kelvin) 卿の称号を得る] により再発見された．熱的に孤立した系の"エントロピー"は増加するが減少はしないという原理は，1854 年にクラウジウス (R. Clausius) により熱力学第 2 法則と命名されたが，ギリシャ語を語源につくったエントロピーの用語の提唱と，その熱力学的な意味についての議論は 1865 年の論文で展開された．

　このような熱力学の発展と並行して，原子的な考え方も展開されていった．気体の熱力学的性質を，気体を構成する原子，分子の運動により説明するのが気体分子運動論である．このような考え方は 18 世紀にベルヌーイ (D. Bernoulli) により先駆的に論じられた．1738 年に刊行された『流体力学』において，気体は激しく運動している多数の粒子からなるという仮説に基づいて，圧力が容器の壁に対する粒子の衝突によって生ずると考えた．また，圧力が体積に反比例するというボイルの法則を説明した．これは，物質の変化の研究を行い，原子量の概念を確立したドルトン (J. Dalton) の原子論（1808）が提唱されるはるか前のことであった．ベルヌーイの着想が優れたものであったにもかかわらず，この着想は長いあいだ顧みられなかった．100 年以上経過して，前述のクラウジウスによって，より正確な気体の圧力を求める公式が導かれ，1860 年にマクスウェル (J. C. Maxwell) により，気体分子運動論が体系化されることになった．マクスウェルは，気体分子の速度の分布という確率的な概念を物理の世界に初めてもち込んだ．

　オーストリアのボルツマン (L. Boltzmann) により統計力学の基礎づけがなされた．$S = k_B \log W$ の式で表される，微視的状態数と熱力学のエントロピーを関係づける概念は，ボルツマンが導いたものであるが，この数式の表現は，プランク (M. Planck) が熱放射に関する公式を導く過程で明確に与えたものである．原子の実在に関する実験的証拠が確定していな

かったこともあり，ボルツマンの原子論は攻撃を受け，失意のまま 1906 年に自殺したが，それは，原子の存在が実験的に確固のものとして証明される直前のことであった．1910 年ごろになると，ボルツマンの論敵だった学者も宗旨変えをするようになった．なお，ウィーン中央墓地にあるボルツマンの墓の胸像の上に $S = k \log W$ の式が記されている．

統計力学の体系化の過程で，ギブス (J. W. Gibbs) の功績も重要である．ギブスは，統計力学の取り扱いとして，同じ性質をもつ多数の系のアンサンブルを扱うことを提唱した．1902 年に刊行した『統計力学の基礎的諸原理』は，統計力学の論理的構造の解明に著しい進歩をもたらした．

熱放射のエネルギー分布の観測値と古典物理学に基づく理論との不一致を解決するため，プランクが量子の概念をもち込んだ．それは 1900 年のことで 20 世紀の新しい物理学の幕開けを告げるものであった．統計力学は古典物理学の上に構築されたが，発展の途上に古典物理学の不完全さを暴露することとなった．ミクロ粒子にはたらく運動法則として，量子力学の誕生が必要とされた．統計力学はミクロ粒子の運動を基礎としているので，量子力学に基づく量子統計力学がその基本となる．とくに，構成粒子のスピンの大きさにより，ボース (S. N. Bose) 統計とフェルミ (E. Fermi) 統計の違いがあることが示されたが，現代生活を支える半導体をはじめとする電子機器の動作原理は，量子統計力学的な性質を基礎としている．

熱力学においては熱平衡の概念が重要であり，熱平衡にある物理量のあいだの法則性が論じられる．しかし，現実の世界は平衡への緩和の途中である系であるとか，外界の影響で揺らいでいる系など，非平衡状態にある場合が多い．

ゆらぎと拡散は，非平衡を論じる際に重要な現象である．1827 年に植物学者ブラウン (R. Brown) が水につけておいた花粉を顕微鏡で観測したときに発見したブラウン運動は，水分子の熱運動の結果として得られることを 1905 年にアインシュタイン (A. Einstein) により示された．アインシュタインの関係式として知られる関係は，拡散係数と散逸力を結びつけるも

ので，揺動散逸定理の一例となっている．また，1928 年にナイキスト (H. Nyquist) により熱雑音電圧の 2 乗と抵抗を関連づけるナイキストの定理が導かれた．1931 年にオンサーガー (L. Onsager) が導いた輸送係数に関する相反定理は，力学法則の可逆性が，非可逆過程を特徴づける輸送係数の対称性に反映していることを示すものであった．久保 (R. Kubo) により 1957 年に出された線形応答理論は，マクロな力学系に外場を加えて熱平衡を攪乱したときの系の示す応答を外場の 1 次のオーダーで考えるものである．その比例係数で与えられる輸送係数を系の力学変数で表すのが久保公式である．線形応答理論により，クラマース–クローニッヒの分散式や各種の総和則を特定のモデルによらない一般的な形で論ずることが可能となった．

一方，ボルツマン方程式は気体分子運動論に現れる分布関数の時間発展を扱うもので，緩和現象，電気伝導などを論じることができる．この分布関数からボルツマンの H というものが導入され，H の減少と不可逆性が議論されたが，多くの批判もなされた．

線形非平衡熱力学・統計力学は，たとえば，系内に温度差がある場合に，その差に比例した熱流を議論するものであるが，温度差が大きくなると対流運動が生じる．このように，自発的に生じた動的な秩序状態を散逸構造とよぶ．非線形非平衡系の統計力学はプリゴジン (I. Prigogine) らにより議論されているが，カオス現象とも関連して，大きな理論的展開がなされている．

1章
熱 力 学

1.1 温 度

1.1.1 熱 平 衡
孤立した系を考えるとき，外部パラメータを一定に放置すると，やがて同一の終局的な状態に落ち着く．このとき，終局的状態を熱平衡状態という．2つの系を接触して何の変化も起こらないとき，この2つの系は熱平衡にあるという．系Aと系Bが熱平衡にあり，また系Bと系Cが熱平衡であるとき，系Aと系Cも熱平衡にある．この推移律は熱力学第0法則とよばれる．

1.1.2 状 態 量
系が熱平衡状態にあるとき，その系の物理的状態は状態量とよばれるマクロな物理量で特徴づけられる．状態量の例としては，温度，圧力，体積，粒子数などがある．熱力学の目的は，マクロに観測される状態量のあいだの関係を調べることにある．気体の体積のように，物質の量に比例する状態量は示量変数とよばれ，体積のほかに，質量，内部エネルギーなどがある．一方，物質の量に依存しない状態量は示強変数とよばれ，圧力，温度などがある．

1.1.3 温　　度

　状態量の1つである温度とは，寒暖の感覚を定量的に表すものである．1気圧の下での純粋な水の凝固点と沸点をそれぞれ $0°C$，$100°C$ と定義するのがセ氏温度である．温度には下限があり，それを絶対零度という．絶対零度を基準とした温度を絶対温度とよぶ．絶対温度 T とセ氏温度 t の関係は

$$T = 273.15 + t \qquad (1)$$

で与えられる．絶対温度の単位はケルビン (記号 K) を用いる．以下では，とくに断らないかぎり，温度といえば絶対温度を表すものとする．なお，1990 年に定められた国際温度目盛 (ITS-90) によれば，ケルビンは「水の三重点（固体，液体，気体の共存点）の絶対温度の 1/273.16 倍である」と定義される．したがって，水の三重点はセ氏温度では $0.01°C$ である．

1.1.4　熱と熱量

　高温の物体と低温の物体が接触すると，高温物体から低温物体に熱が移動し，やがて平衡に達する．このように，物体の温度を変える原因になるものを熱，それを定量的に表したものを熱量という．

1.1.5　内部エネルギー

　温度を指定した各状態では，系のもつエネルギーを一意的に決めることができ，これを内部エネルギーとよぶ．内部エネルギーとよぶのは，マクロには静止している物体のミクロな構成粒子のもつエネルギーであるからである．

1.1.6　状態方程式

　熱平衡にある均質な体系の状態量として，系の体積 V，温度 T，圧力 p を考えると，これらの3つの量は互いに独立ではない．独立な変数は2個

である.いいかえると,たとえば,圧力 p は他の 2 変数の関数として

$$p = p(T, V) \tag{2}$$

のように表すことができる.このような状態量のあいだに成立する関数関係を表す式を状態方程式という.

1.2 熱力学第 1 法則

1.2.1 ジュールの実験

熱がエネルギーの一形態であることを示したのは,ジュールである.ジュールは,おもりを落下させるときのエネルギーで水中の羽根車をまわし,そのときに水の温度が上がることを発見した.すなわち,水の温度を上げるには,熱を加えるかわりに力学的仕事をしてもよいことを示した.図 1 はジュールの実験の模式図である.

日常生活では,熱量を表す単位としてはカロリー (cal) を用いてきた.水

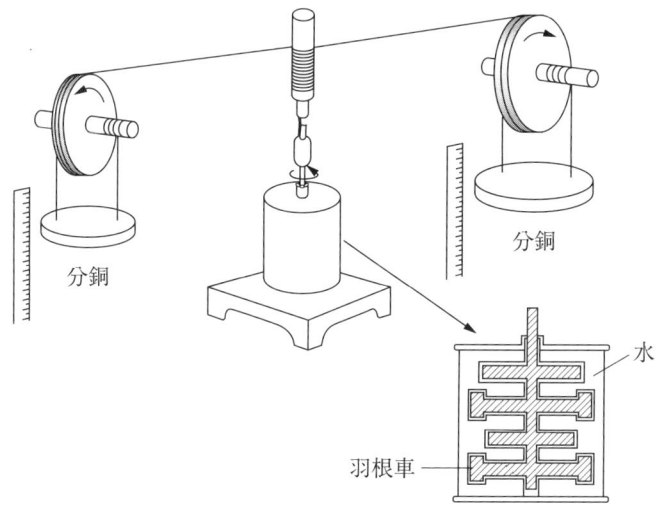

図 1　ジュールの実験の模式図

1g の温度を 14.5°C から 15.5°C に上げるのに必要な熱量を 1cal と定義するが，熱量はエネルギーの単位であるジュール (J) でも表される．両者の関係は

$$1\text{cal} = 4.186 \text{J} \tag{3}$$

であり，熱量の標準単位としてはジュールを用いることになった．

1.2.2 熱力学第 1 法則

物体に外部から仕事 W と熱量 Q を加えて状態 1 から状態 2 に変化したときに，内部エネルギー U の変化が

$$U_2 - U_1 = W + Q \tag{4}$$

と表される．式 (4) で表される関係を熱力学第 1 法則という．熱がエネルギーの一形態であること，すなわち，熱力学第 1 法則が広い意味のエネルギー保存則であることを示している．なお，式 (4) では，W, Q は物体に加わる向きを正にとったので，物体が外部に仕事をするときは $W < 0$，物体が熱を外部に放出するときは $Q < 0$ となる．

1.2.3 微小変化

状態 1 から状態 2 への変化が微小な場合を考える．式 (4) の左辺は，U の微分 dU で表すことができるが，仕事と熱量は状態量でないので，微分（完全微分）で表すことはできない．それは，仕事と熱量の微小変化の和のみが定まり，それぞれの微小変化は状態の変化の仕方に依存するからである．このような微小変化を表すのに，不完全微分 d' の表記を用いて，仕事，熱量の微小変化を $d'W$, $d'Q$ と書く．この表記を用いれば，微小変化の場合に熱力学第 1 法則は

$$dU = d'W + d'Q \tag{5}$$

と表すことができる．

1.2.4 準静的変化と外力が気体にする仕事

物体になされる仕事の例として,シリンダーに入った気体を圧縮することを考える(図2).熱平衡状態を保ちながらゆっくりとさせる変化を準静的変化というが,ピストンを準静的に動かすと,気体の圧力 p とピストンで加える圧力 p_e は,等しく保たれる.外力のする仕事 $\mathrm{d}'W$ は,微小体積の増分 $\mathrm{d}V$(圧縮されると $\mathrm{d}V < 0$)により,

$$\mathrm{d}'W = p_e(-\mathrm{d}V) = -p\,\mathrm{d}V \tag{6}$$

と表される.

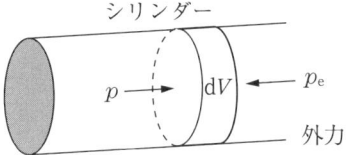

図 2 外力のする仕事

1.2.5 熱容量と比熱

ある物体の温度を 1 K 上げるのに必要な熱量を熱容量という.とくに,1 g の物質の熱容量を比熱という.比熱は物質それぞれの固有の熱的性質を表す重要な物理量である.また,1モルの物質がもつ熱容量をモル比熱という.

体積を一定に保って,温度を上げる場合の熱容量を定積熱容量という.$\mathrm{d}V = 0$ とおけるので,熱力学第 1 法則から,定積熱容量 C_V は

$$C_V = \left(\frac{\partial U}{\partial T}\right)_V \tag{7}$$

で与えられる.偏微分の添字 V は一定とする変数が V であることを表す.1モルの物質に対して定積モル比熱,単位質量については定積比熱という.

一方,圧力一定として温度を上げる場合の熱容量を定圧熱容量という.内部エネルギーを T, V の関数と考えて,

$$dU = \left(\frac{\partial U}{\partial T}\right)_V dT + \left(\frac{\partial U}{\partial V}\right)_T dV \tag{8}$$

の関係に注意すると，定圧熱容量 C_p は

$$C_p = C_V + \left[p + \left(\frac{\partial U}{\partial V}\right)_T\right]\left(\frac{\partial V}{\partial T}\right)_p \tag{9}$$

と計算される．1モルの物質に対して定圧モル比熱といい，単位質量に対しては定圧比熱という．

なお，以下で熱容量をさすときにも，比熱という用語を総称として用いる場合がある．

1.3 熱力学第2法則

1.3.1 可逆過程と不可逆過程

物理現象には時間の向きを逆にしても実現可能な現象（可逆過程）と，時間の向きを逆にしたら実現不可能な現象（不可逆過程）がある．不可逆過程の例としては，熱伝導現象がある．高温物体と低温物体を接触させたときには，熱伝導は高温物体から低温物体へ一方向に起こる．また，摩擦のある水平面で物体を運動させるとき，物体は静止し摩擦熱を発生するが，逆に静止していた物体が摩擦熱を吸収して動き出すことはない．

より正確に可逆過程，不可逆過程を定義する．状態 A から状態 B へ変化させたときに生じた外部の変化を考え，状態 B から状態 A に同じ経路を逆向きにたどったときに，変化がもとに戻れば可逆過程，変化が残れば不可逆過程である．

1.3.2 クラウジウスの原理とトムソンの原理

熱の移動の方向に関する法則が熱力学第2法則とよばれるものである．熱力学第2法則にはいくつかの表現がある．

「熱は低温の物体から高温の物体へ ひとりでに 移動しない」

と表現したものをクラウジウスの原理という．ここで「ひとりでに」とつけるのは，仕事をすれば低温の物体から高温の物体へ熱の移動は可能であるが，仕事をすることなしにこのような移動は不可能であるからである．

「熱の全部は<u>ひとりでに</u>力学的仕事に変わらない」

と表現したものをトムソン（ケルビン）の原理という．エネルギー保存則は破らないが，周囲の物体から自在に熱を奪って仕事に変換できる機械のことを第2種永久機関とよぶ．これが実現できればエネルギー問題は解決されることになるが，トムソンの原理は第2種永久機関を否定することになる．

なお，クラウジウスの原理とトムソンの原理が同等であることを示すことができる．

1.3.3 サイクルと熱機関

一般に，ある1つの状態から出発して再びその状態に戻るようなひとまわりの状態変化をサイクルという．可逆過程のみからなるサイクルを可逆サイクルといい，一部または全部に不可逆過程を含むサイクルを不可逆サイクルという．また，熱を仕事に変えるような装置を熱機関という．

1.3.4 カルノーサイクル

高温と低温の2つの熱平衡状態のあいだの熱の流れから一意的に決まる量をみつけることにしよう．そのために，つぎのような熱機関を考える．高温熱源(温度T_1)と低温熱源(温度T_2)からなる2つの系を考え，さらに作業物質とよばれるもう1つの系を考える．具体的にピストンの入ったシリンダーを想定するときには，シリンダー内の気体が作業物質の役割を果たす．そこで，以下のような4つの過程からなるサイクルを考える（図3）．

① 等温膨張(A→B)：作業物質を高温熱源(温度T_1)に接し，熱$Q_1 > 0$を吸収し外部に仕事をする．

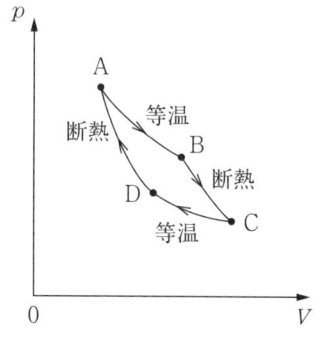

図 3　カルノーサイクル

② 断熱膨張 (B → C)：作業物質を熱源から切り離して膨張させ，温度 T_1 から低温熱源の温度 T_2 にする．外部に仕事をすると，内部エネルギーが減り，温度が下がる．

③ 等温圧縮 (C → D)：作業物質を低温熱源に接して熱 $|Q_2|$ $(Q_2 < 0)$ を放出する．つぎの段階で A に戻るように D まで圧縮する．

④ 断熱圧縮 (D → A)：作業物質を熱源から切り離して圧縮し，初めの状態 A に戻す．

このサイクルをカルノーサイクルとよぶ．カルノーサイクルは可逆サイクルである．

1.3.5　サイクルの仕事効率

1 サイクルでもとの状態に戻るから，内部エネルギーの増加はない．カルノーサイクルの外部になした仕事を $|W|$ $(W < 0)$ とすると，熱力学第 1 法則 (4) より，

$$W = -Q_1 - Q_2 \tag{10}$$

となる．正の量で表すと

1.3 熱力学第 2 法則

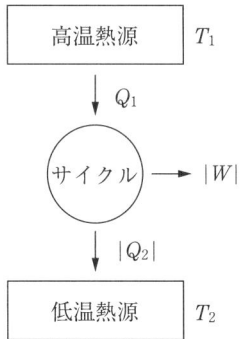

図 4　カルノーサイクルのエネルギーの出入り

$$|W| = Q_1 - |Q_2| \tag{11}$$

である．サイクルのエネルギーの出入りを表すと図 4 のようになる．ここで，サイクルの効率 η を，なされた正味の仕事を高温熱源から供給された熱量で割った値

$$\eta = \frac{|W|}{Q_1} = \frac{Q_1 + Q_2}{Q_1} = 1 - \frac{|Q_2|}{Q_1} \tag{12}$$

で定義する．

1.3.6　熱力学的温度

カルノーサイクルの効率 η_C は，2 つの熱源のあいだのすべてのサイクルの効率のなかで最大であり，また可逆サイクルの効率はすべてカルノーサイクルの効率に等しいことを示すことができる．すなわち，η_C は 2 つの熱源を与えれば一意的に決まる量となる．熱は高温から低温へ流れることを考慮すると，単調減少関数 $g(T)$ を用いて

$$1 - \eta_\mathrm{C}(T_1, T_2) = \frac{g(T_1)}{g(T_2)} \tag{13}$$

のように表されればよいことが示されるが，$g(T)$ としては，通常

$$g(T) = \frac{1}{T} \tag{14}$$

ととり，これを熱力学的温度とよぶ．作業物質として理想気体を選ぶと，この熱力学的温度が絶対温度と同じになることを示すことができる．

1.3.7 クラウジウスの式

式 (14), (13) を式 (12) に代入すると
$$\frac{Q_1}{T_1} + \frac{Q_2}{T_2} = 0 \tag{15}$$
となるが，これをクラウジウスの式という．これは可逆サイクルの場合に成り立つ．

カルノーサイクルの効率 η_C が最大であるということは，一般のサイクルに対しては $\eta \leq \eta_C$ であることを意味する．したがって，不可逆過程を含む一般のサイクルについては
$$\frac{Q_1}{T_1} + \frac{Q_2}{T_2} \leq 0 \tag{16}$$
と不等式で表されることになり，クラウジウスの不等式とよぶ．

任意の準静的変化によるサイクルを考えることにすると，カルノーサイクルの和に分割することができる．i 番目の等温変化部分で吸収する熱量を Q_i，熱源の温度 T_i とすると，一般化したクラウジウスの式
$$\sum_i \frac{Q_i}{T_i} = 0 \tag{17}$$
が成り立つ．分割の極限を考えると，クラウジウスの式の熱量は $\mathrm{d}'Q$ となり，和は積分に置きかえられ，
$$\oint_C \frac{\mathrm{d}'Q}{T} = 0 \tag{18}$$
が成立する．

1.3.8 エントロピー

2 つの状態 A と B があるとする．2 つの準静的変化を考えると，片方の経路を逆向きにとると図 5 に示すようにサイクルになるので，

1.3 熱力学第2法則

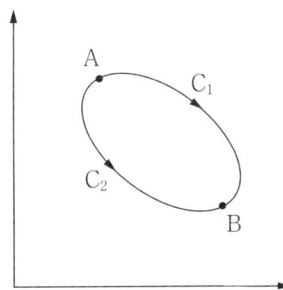

図5 2つの経路による準静的変化

$$\int_{C_1} \frac{d'Q}{T} - \int_{C_2} \frac{d'Q}{T} = 0 \tag{19}$$

が得られる.すなわち,状態 A, B を通るあらゆる準静的変化について

$$\int_A^B \frac{d'Q}{T} \tag{20}$$

は経路によらず状態 A と状態 B のみにより決まる.エントロピーという状態量を定義することができ,その差は

$$S_B - S_A = \int_A^B \frac{d'Q}{T} \tag{21}$$

により与えられる.

微分の形でエントロピーは

$$dS = \frac{d'Q}{T} \tag{22}$$

と書ける.熱力学第1法則 (5) と外力が気体にする仕事の式 (6) を用いると

$$dU = -p\,dV + T\,dS \tag{23}$$

が得られる.内部エネルギーの微小変化が完全微分の形式で表されることになる.

1.3.9 エントロピー増大の法則

可逆とはかぎらない一般のサイクルに対しては,クラウジウスの式は,クラウジウスの不等式 (16) となることを述べた.このことに対応して,不可逆過程を含む一般の過程については

$$dS \geq \frac{d'Q}{T_e} \tag{24}$$

となる(ここで T_e は熱源の温度で,各瞬間における体系の温度と等しい必然性はない).したがって,一般の断熱変化 ($d'Q = 0$) については

$$dS \geq 0 \tag{25}$$

となる.すなわち,断熱された系では,不可逆過程によって系のエントロピーは増大する.これをエントロピー増大の法則という.

1.4 熱力学関数

1.4.1 ルジャンドル変換と熱力学関数

内部エネルギー U の微分の式 (23) より,

$$T = \left(\frac{\partial U}{\partial S}\right)_V, \quad p = -\left(\frac{\partial U}{\partial V}\right)_S \tag{26}$$

の関係が得られ,内部エネルギーは,独立変数を S, V とするときに便利であることがわかる.系は温度 T,体積 V でも指定できるが,内部エネルギーを T, V の関数と考えて,

$$dU = \left(\frac{\partial U}{\partial T}\right)_V dT + \left(\frac{\partial U}{\partial V}\right)_T dV \tag{27}$$

と表すことにすると,dT や dV の前の係数は,簡単な表現では表せない.そこで,ルジャンドル変換とよばれる方法を用いて,独立変数を他の組に変換する.そのようにして得られる H, F, G(次項で説明する)などを総称して熱力学関数とよぶ.熱力学関数は熱力学において重要な役割を果す.

1.4.2 エンタルピー

$$H = U + pV \tag{28}$$

の式により定義される状態量 H をエンタルピーとよぶ.独立変数を S, p とするときに便利である.

$$dH = T\,dS + V\,dp \tag{29}$$

であるので,

$$T = \left(\frac{\partial H}{\partial S}\right)_p, \quad V = \left(\frac{\partial H}{\partial p}\right)_S \tag{30}$$

となる.

1.4.3 ヘルムホルツの自由エネルギー

$$F = U - TS \tag{31}$$

の式により定義される状態量 F をヘルムホルツの自由エネルギーとよぶ.独立変数を T, V とするときに便利である.

$$dF = -S\,dT - p\,dV \tag{32}$$

となるので,

$$S = -\left(\frac{\partial F}{\partial T}\right)_V, \quad p = -\left(\frac{\partial F}{\partial V}\right)_T \tag{33}$$

となる.

1.4.4 ギブスの自由エネルギー

$$G = U - TS + pV \tag{34}$$

の式により定義される状態量 G をギブスの自由エネルギーとよぶ.独立変数を T, p とするときに便利である.

$$dG = -S\,dT + V\,dp \tag{35}$$

となり，

$$S = -\left(\frac{\partial G}{\partial T}\right)_p, \quad V = \left(\frac{\partial G}{\partial p}\right)_T \tag{36}$$

の関係が得られる．

1.4.5　マクスウェルの関係式

式 (33) において，2 階導関数は微分の順序によらないという条件

$$\left(\frac{\partial^2 F}{\partial V\,\partial T}\right) = \left(\frac{\partial^2 F}{\partial T\,\partial V}\right) \tag{37}$$

を考慮すると，

$$\left(\frac{\partial S}{\partial V}\right)_T = \left(\frac{\partial p}{\partial T}\right)_V \tag{38}$$

という関係が得られる．これをマクスウェルの関係式という．同様にして

$$\left(\frac{\partial S}{\partial p}\right)_T = -\left(\frac{\partial V}{\partial T}\right)_p \tag{39}$$

の関係が得られるが，これもマクスウェルの関係式の 1 つである．

　内部エネルギーについて

$$U = F - T\left(\frac{\partial F}{\partial T}\right)_V \tag{40}$$

であることから，

$$U = -T^2\left[\frac{\partial}{\partial T}\left(\frac{F}{T}\right)\right]_V \tag{41}$$

と表すことができるが，この関係をギブス–ヘルムホルツの式とよぶ．同様にして，エンタルピーについても

$$H = -T^2\left[\frac{\partial}{\partial T}\left(\frac{G}{T}\right)\right]_p \tag{42}$$

という関係が得られ，これもギブス–ヘルムホルツの式の 1 つである．

1.4.6 熱容量に関する関係式

定積熱容量，定圧熱容量をエントロピーを用いて表すと，それぞれ

$$C_V = T\left(\frac{\partial S}{\partial T}\right)_V \tag{43}$$

$$C_p = T\left(\frac{\partial S}{\partial T}\right)_p \tag{44}$$

となる．偏微分の性質とマクスウェルの関係式を用いると

$$C_V = C_p - T\left(\frac{\partial V}{\partial T}\right)_p\left(\frac{\partial p}{\partial T}\right)_V \tag{45}$$

$$\frac{C_p}{C_V} = \frac{\kappa_T}{\kappa_S} \tag{46}$$

という関係が導かれる．ここで，κ_S, κ_T は

$$\kappa_S = -\frac{1}{V}\left(\frac{\partial V}{\partial p}\right)_S \tag{47}$$

$$\kappa_T = -\frac{1}{V}\left(\frac{\partial V}{\partial p}\right)_T \tag{48}$$

で定義され，それぞれ，断熱圧縮率，等温圧縮率である．

1.4.7 化学ポテンシャル

これまでの議論では，粒子数は一定としてきたが，粒子数 N が変化する場合も考えることにする．粒子の変化も伴うとき，内部エネルギーの微小変化は

$$dU = -pdV + TdS + \mu dN \tag{49}$$

と書くことができ，μ を 1 粒子あたりの化学ポテンシャルという．

ギブスの自由エネルギーの微小変化については

$$dG = -SdT + Vdp + \mu dN \tag{50}$$

となり，化学ポテンシャルは

$$\mu = \left(\frac{\partial G}{\partial N}\right)_{T,\,p} \tag{51}$$

で与えられる．

$G(T, p, N)$ は示量変数であり，粒子数に比例する．一方，N 以外の状態変数 T, p は示強変数である．x 倍の粒子数に対する G について，$G(T, p, xN) = xG(T, p, N)$ が成立する．これを x で微分すると

$$N\frac{\partial G(T, p, xN)}{\partial (xN)} = G(T, p, N) \tag{52}$$

となり，さらに $x = 1$ とおくと，

$$G(T, p, N) = N\mu \tag{53}$$

の関係式が得られる．この関係をオイラーの定理とよぶ．n 種類の粒子があるときには

$$G(T, p, N_1, \cdots, N_n) = \sum_{j=1}^{n} N_j \mu_j \tag{54}$$

と拡張される．式 (50) を n 種粒子系に拡張した

$$\mathrm{d}G = -S\mathrm{d}T + V\mathrm{d}p + \sum_{j=1}^{n} \mu_j \mathrm{d}N_j \tag{55}$$

とオイラーの定理を比較すると，

$$\sum_{j=1}^{n} N_j \mathrm{d}\mu_j + S\mathrm{d}T - V\mathrm{d}p = 0 \tag{56}$$

という一種の恒等式が得られるが，これをギブス–デュエムの式とよぶ．

1.4.8 熱平衡の条件

一般的な熱平衡の条件を考える．不可逆変化を含む一般の過程に対して，変化が起こる場合には，式 (24) より

$$T\mathrm{d}S - \mathrm{d}U - p\mathrm{d}V \geq 0 \tag{57}$$

となる．ここでは熱源の温度を T と表してある．

したがって，T, V が一定の条件では

$$\mathrm{d}(TS - U) \geq 0 \tag{58}$$

すなわち
$$dF \leq 0 \tag{59}$$
となる．不可逆な状態変化が起こるとすると，ヘルムホルツの自由エネルギーが減少する．平衡状態とは，時間的に変化しない状態であるので，等温，等圧の条件下における熱平衡の条件は，F が極小であることがわかる．

T, p が一定の条件では
$$d(TS - U - pV) \geq 0 \tag{60}$$
すなわち
$$dG \leq 0 \tag{61}$$
となる．したがって，等温，等圧の条件下における熱平衡の条件は，G が極小であることである．

1.4.9 熱力学的不等式

熱平衡状態からの仮想的な微小変位
$$\delta' Q = \delta U + p \delta V \tag{62}$$
を考えることにする．外界の温度，圧力を T_e, p_e とする．クラウジウスの不等式により，実際に変化が起これば
$$\delta' Q \leq T_e \delta S \tag{63}$$
であるので，熱平衡であるためには仮想変位に対して
$$\delta U + p_e \delta V - T_e \delta S > 0 \tag{64}$$
でなければならない．$U = U(S, V)$ として，δU を δS と δV のベキで展開すると
$$\delta U = \left(\frac{\partial U}{\partial S} \right) \delta S + \left(\frac{\partial U}{\partial V} \right) \delta V$$

$$+\frac{1}{2}\Big[\left(\frac{\partial^2 U}{\partial S^2}\right)\delta S^2 + \left(\frac{\partial^2 U}{\partial V^2}\right)\delta V^2$$

$$+2\left(\frac{\partial^2 U}{\partial S \partial V}\right)\delta S \delta V\Big] + \cdots \tag{65}$$

と展開され,式 (26) より

$$T = T_e, \quad p = p_e$$

であること,および任意の δS, δV について式 (65) の 2 次の展開項が正となる条件として

$$\frac{\partial^2 U}{\partial S^2} > 0 \tag{66}$$

$$\frac{\partial^2 U}{\partial S^2}\frac{\partial^2 U}{\partial V^2} - \left(\frac{\partial^2 U}{\partial S \partial V}\right)^2 > 0 \tag{67}$$

の関係が得られる.ところが,式 (66) を書きかえると,式 (43) を用いて

$$\frac{\partial^2 U}{\partial S^2} = \left(\frac{\partial T}{\partial S}\right)_V = \frac{T}{C_V} > 0 \tag{68}$$

となり,定積比熱 C_V が正でなければならないことが示される.同様にして

$$\left(\frac{\partial V}{\partial p}\right)_S < 0 \tag{69}$$

$$\left(\frac{\partial V}{\partial p}\right)_T < 0 \tag{70}$$

などの関係が得られる.式 (47), (48) により圧縮率が定義されるので,断熱圧縮率 κ_S,また等温圧縮率 κ_T がともに正でなければならないことがわかる.熱力学的に安定であるための条件から導かれるこのような不等式を熱力学的不等式とよぶ.

1.5 熱力学第3法則

これまで熱力学の構造として，熱力学第1法則，熱力学第2法則により，体系的な理論体系をなすことを示した．さらに，熱力学第3法則とよばれる法則も導入される．これは，絶対零度におけるエントロピーについて論じるものである．

ネルンストは1906年に，「絶対零度における体系の状態変化はエントロピー変化を伴わないで行われる」と提唱し，これはネルンストの仮説とよばれる．式で表せば

$$\lim_{T \to 0} \Delta S = 0 \tag{71}$$

となる．プランクはさらに「絶対零度においてはいかなる系のエントロピーも有限値をとる」と提唱したが，エントロピーは熱力学的には微分式で定義されるので，付加定数は0ととれる．すなわち，

$$\lim_{T \to 0} S = 0 \tag{72}$$

と表すことができる．この絶対零度におけるエントロピーに関する法則をネルンスト–プランクの定理，あるいは熱力学第3法則とよぶ．この法則の本質は量子論に基づいた統計力学により明らかにされる．また，基底状態に縮退がある場合には，式(72)は，基底状態の縮退度を考慮するように修正される．

1.6 理想気体

1.6.1 理想気体の状態方程式

1662年にボイルが発見した，温度一定の気体については圧力pと体積Vが反比例するというボイルの法則と，1787年にシャルルが発見した，圧力pを一定にしたとき，体積と絶対温度が比例するというシャルルの法則を

組み合わせると

$$pV = nRT \tag{73}$$

の関係が得られる．この法則に従う気体を理想気体という．この関係式は，式 (2) で表される状態方程式の 1 つであり，式 (73) は理想気体の状態方程式とよばれる．ここで，n はモル数，R は気体定数とよばれる定数で，$R = 8.3145$ Jmol^{-1}K^{-1} である．

また，気体の粒子数 N を用いると，式 (73) は

$$pV = Nk_B T \tag{74}$$

のように表すことができる．ここで，k_B はボルツマン定数とよばれ，その数値は，アボガドロ数（1 モルの粒子の数）$N_A = 6.022 \times 10^{23}$ を用いて $k_B = 1.381 \times 10^{-23}$ JK^{-1} で与えられる．

実在の気体では，理想気体の状態方程式が広い範囲で成り立っているが，低温や高圧になると，ずれが顕著になってくる．これは，理想気体の取り扱いでは分子の大きさや分子間力を考慮していないためである．

これまで示してきた熱力学の関係式のいくつかを理想気体の場合に計算することにする．しばしば理想気体を例に熱力学の関係式を説明することが行われるが，理想気体の場合だけに成り立つ関係か一般的な関係かを区別する必要がある．

1.6.2　理想気体の熱容量

式 (45) に従い，理想気体の定積熱容量，定圧熱容量の差を求めると，

$$C_p - C_V = nR \tag{75}$$

となる．とくに 1 モルの理想気体に対するモル比熱の関係

$$C_p - C_V = R \quad （1 モル） \tag{76}$$

をマイヤーの関係という．

1.6.3 等温線と断熱線

理想気体では内部エネルギーは，温度だけの関数である．すなわち

$$\left(\frac{\partial U}{\partial V}\right)_T = 0 \tag{77}$$

である．このことをジュールの法則という．したがって，式 (7), (8) より，理想気体の場合には $dU = C_V \, dT$ と表される．

断熱変化 ($dS = 0$) では

$$C_V dT + p dV = 0 \tag{78}$$

であるので，1モルの理想気体の状態方程式を使うと

$$\frac{dT}{T} + \frac{R}{C_V}\frac{dV}{V} = 0 \tag{79}$$

となるが，定積比熱が温度によらないことから積分ができて，

$$\log T + (R/C_V) \log V = \text{一定} \tag{80}$$

となる．

$$\gamma = \frac{C_p}{C_V} \; (>1) \tag{81}$$

により比熱比を定義すると，マイヤーの関係 (76) を用いて

$$TV^{\gamma-1} = \text{一定} \tag{82}$$

の関係が得られる．さらに，理想気体の状態方程式を使うと

$$pV^\gamma = \text{一定} \tag{83}$$

が導かれる．これをポアソンの式という．

pV 図の上で等温変化を表す曲線（等温線）と，断熱変化を表す曲線（断熱線）を比較してみよう．等温線は pV 図では，理想気体の状態方程式

$$p \propto \frac{T}{V} \tag{84}$$

より曲線が求まる．等温線の傾きは，

$$\left(\frac{dp}{dV}\right) = -\frac{p}{V} \tag{85}$$

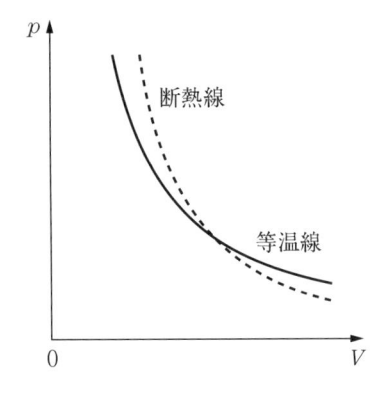

図 6 等温線と断熱線

と計算される．

一方，断熱線は pV 図では，ポアソンの式

$$p \propto \frac{1}{V^\gamma} \tag{86}$$

より曲線が求まるが，断熱線の傾きは

$$\left(\frac{\mathrm{d}p}{\mathrm{d}V}\right) = -\gamma \frac{p}{V} \tag{87}$$

と計算でき，等温線の傾きより急勾配であることがわかる (図 6)．じつは，断熱線の傾きが γ 倍だけ急勾配になること，すなわち

$$\left(\frac{\mathrm{d}p}{\mathrm{d}V}\right)_S = \gamma \left(\frac{\mathrm{d}p}{\mathrm{d}V}\right)_T \tag{88}$$

であることは，理想気体にかぎらず一般的な性質であることを，熱力学量の偏微分の性質を用いて示すことができる．

1.6.4　理想気体のカルノーサイクル

理想気体の場合にカルノーサイクルの計算をしてみよう．図 3 の等温膨張過程では，高温熱源から吸収する熱量は

$$Q_1 = \int_{V_\mathrm{A}}^{V_\mathrm{B}} p\,\mathrm{d}V = nRT_1 \log \frac{V_\mathrm{B}}{V_\mathrm{A}} \tag{89}$$

となる．断熱膨張過程では温度が T_1 から T_2 に下降するが，断熱変化であるので

$$T_1 V_{\mathrm{B}}^{\gamma-1} = T_2 V_{\mathrm{C}}^{\gamma-1} \tag{90}$$

により V_{C} が決まる．等温圧縮過程で熱源に $-Q_2$ だけ熱を放出するが，

$$Q_2 = \int_{V_{\mathrm{C}}}^{V_{\mathrm{D}}} p \, dV = nRT_2 \log \frac{V_{\mathrm{D}}}{V_{\mathrm{C}}} \tag{91}$$

となる．ただし，V_{D} は断熱圧縮過程で温度を上昇させてもとに戻るように決められる．そのためには

$$T_2 V_{\mathrm{D}}^{\gamma-1} = T_1 V_{\mathrm{A}}^{\gamma-1} \tag{92}$$

でなければならない．このことから

$$\frac{V_{\mathrm{B}}}{V_{\mathrm{A}}} = \frac{V_{\mathrm{C}}}{V_{\mathrm{D}}} \tag{93}$$

となる．結局，1サイクルのあいだに体系が外部にした仕事は

$$-W = Q_1 + Q_2 = nR(T_1 - T_2) \log \frac{V_{\mathrm{B}}}{V_{\mathrm{A}}} \tag{94}$$

と計算される．したがって，サイクルの効率は

$$\eta = \frac{-W}{Q_1} = \frac{Q_1 - |Q_2|}{Q_1} = 1 - \frac{T_2}{T_1} \tag{95}$$

となる．サイクルの効率は2つの熱源を与えれば一意的に決まること，式 (13) の $g(T)$ が絶対温度 T を用いて式 (14) のように $1/T$ となることが実際に示された．

1.6.5 ベルヌーイの関係

理想気体の圧力と内部エネルギーのあいだには

$$pV = \frac{2}{3} U \tag{96}$$

の関係が成り立つ．これをベルヌーイの関係という．気体分子運動論の考え方を用いるとこの関係を導くことができる．1辺が L の立方体の容器に閉じ込められた分子を考える（図7）と，壁の受ける圧力（単位面積あた

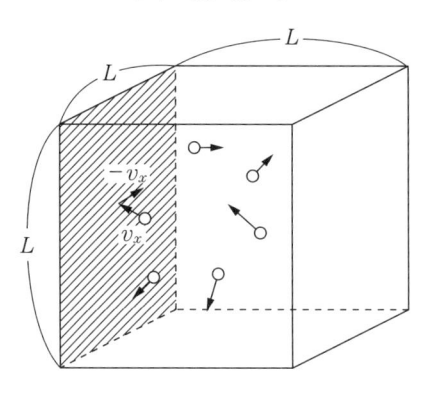

図 7 気体分子の運動

りの力）は，単位時間にある壁に及ぼす力積の和で与えられる．すなわち，

$$p = \Bigl(\sum_i 2mv_{ix} \times (v_{ix}/2L)\Bigr)/L^2$$
$$= \frac{1}{V}\sum_i mv_{ix}{}^2 \tag{97}$$

であり，一方内部エネルギーは分子の運動エネルギーの和

$$U = \frac{m}{2}\sum_i (v_{ix}{}^2 + v_{iy}{}^2 + v_{iz}{}^2) \tag{98}$$

であるから，ベルヌーイの関係 (96) が導かれる．

1.6.6 理想気体の内部エネルギー

状態方程式 (74) と合わせると，理想気体の内部エネルギーが

$$U = \frac{3}{2}Nk_{\mathrm{B}}T \tag{99}$$

となる．これは，エネルギーとして運動エネルギーのみを考えた場合で，(単原子) 理想気体の内部エネルギーである．2 原子分子の場合には，回転の自由度が加わるが，このように内部自由度がある場合にはその寄与が加わる．

式 (99) をみると，運動エネルギー（正確には平均）が 1 自由度あたり $k_{\mathrm{B}}T/2$ ずつ分配されるといえるが，これをエネルギー等分配則という．

また，式 (99) より単原子理想気体の定積モル比熱が $C_V = (3/2)R$, 定圧モル比熱が $C_p = (5/2)R$, したがって，比熱比が $\gamma = 5/3$ であることがわかる．

1.6.7　理想気体のエントロピー

理想気体の定積モル比熱を C_V とすると，1 モルについて，$dU = C_V\,dT$, $pV = RT$ であるので，式 (23) を用いて

$$dS = C_V \frac{dT}{T} + R \frac{dV}{V} \tag{100}$$

と表される．これを積分すると，1 モルの理想気体のエントロピーが

$$S = C_V \log T + R \log V + S_0 \tag{101}$$

のように求まる．ここで，S_0 は T, V によらない定数である．n モルの場合には，エントロピーの示量性に注意して，

$$S(T, V, n) = n\Big(C_V \log T + R \log \frac{V}{n} + S_0\Big) \tag{102}$$

となる．

1.7　ファンデルワールス気体

1.7.1　ファンデルワールスの状態方程式

理想気体の扱いでは，分子の大きさや，分子間の相互作用を無視していた．それらの効果を取り入れる試みはいくつかなされてきたが，ファンデルワールスにより提唱された状態方程式は，簡単なものでありながら，実在気体の性質をよく再現する．1 モルの気体について，ファンデルワールスの状態方程式は

$$\Big(p + \frac{a}{V^2}\Big)(V - b) = RT \tag{103}$$

と表される．式 (103) で a, b は正の定数で，$a = b = 0$ と置くと，式 (103) は理想気体の状態方程式に帰着する．a は分子間引力の大きさに関係し，b

は分子の大きさを表す項である．また，式 (103) の状態方程式に従う気体をファンデルワールス気体という．

1.7.2 ファンデルワールス気体の熱容量

ファンデルワールス気体の場合に，定積熱容量，定圧熱容量の差を計算してみよう．1 モルについて，式 (45) を用いて

$$C_p - C_V = R + R\frac{2a(V-b)}{pV^3 - aV + 2ab} \tag{104}$$

と計算される．右辺の第 2 項はマイヤーの関係 (76) に対する補正項である．

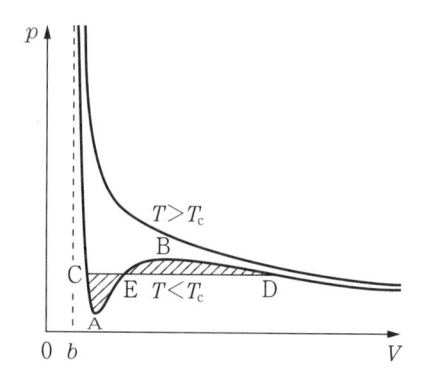

1.7.3 ファンデルワールス気体の等温線

ファンデルワールス気体の等温線を図 8 に示す．$V \geq b$ としているが，それは式 (103) で $V < b$ とすると，T は負になり物理的に不合理となるためである．T を小さくしていき，ある温度以下になると，Vp 曲線に極小点 A，極大点 B が現れる．その境目となる温度を臨界温度，そのときの圧力を臨界圧力，体積を臨界体積という．また，それらを合わせて臨界点とよぶ．しかし，式 (70) で示される熱力学的安定性の議論より A → E → B の区間は不安定となる．この領域における等温線は，斜線部の面積が等

図 8 ファンデルワールス気体の等温線

しくなるように，水平線 CD を引いたものになる．これをマクスウェルの規則という．そうすると，点 C より左側の等温線は液相，点 D より右側の等温線は気相を表すと解釈すれば，点 C と点 D のあいだは液相気相の 2 相共存の領域を表すことになる．したがって，ファンデルワールス気体は，臨界温度の存在，気相–液相の相転移を説明できることになる．

1.7.4 臨 界 点

臨界点を求めてみよう．図 8 で極小点，極大点は

$$\left(\frac{\partial p}{\partial V}\right)_T = 0 \tag{105}$$

の条件により求まるが，

$$\text{極小点では } (\partial^2 p/\partial V^2)_T < 0$$
$$\text{極大点では } (\partial^2 p/\partial V^2)_T > 0$$

が成立する．臨界点は両者が一致する点であるので，

$$\left(\frac{\partial^2 p}{\partial V^2}\right)_T = 0 \tag{106}$$

と式 (105) を同時に満たす点を求めればよい．臨界体積 V_c，臨界圧力 p_c，臨界温度 T_c が

$$V_c = 3b \tag{107}$$

$$p_c = \frac{a}{27b^2} \tag{108}$$

$$T_c = \frac{8a}{27bR} \tag{109}$$

と計算される．

1.7.5 臨界圧縮因子

臨界点における 1 モルのファンデルワールス気体について

$$Z_c = \frac{p_c V_c}{RT_c} \tag{110}$$

を計算すると，
$$Z_c = \frac{3}{8} = 0.375 \tag{111}$$
となる．Z_c を臨界圧縮因子という．実在気体の熱力学的性質をファンデルワールス状態方程式で合わせようとすると，物質により a, b の値が異なるが，Z_c の表式には a, b が現れない．二酸化炭素，水の臨界点の実測値を式 (110) に代入すると，$Z_c = 0.280$ (二酸化炭素)，$Z_c = 0.228$ (水) となるが，幅広い物質について 0.385 に比較的近い値が得られている．理想気体では式 (110) の右辺の値は温度によらず 1 であり，ファンデルワールスの状態方程式が理想気体からのずれを与えるよい近似となっていることの1つの証拠であるといえる．

演 習 問 題

[1] クラウジウスの原理が成り立てば，トムソンの原理が成り立つことを示せ．また，トムソンの原理が成り立てば，クラウジウスの原理が成り立つことを示せ．

[2] 関係式 $dU = -p\,dV + T\,dS$ (式 (23)) を用いて，次式を導け．
$$\left(\frac{\partial U}{\partial V}\right)_T = T\left(\frac{\partial p}{\partial T}\right)_V - p$$
このことを用いて，状態方程式が $p = f(V)\,T$ の形で表される系の温度一定のときの内部エネルギー U は，体積 V によらないことを示せ．

[3] 定圧膨張率 α，定積圧力係数 β，等温圧縮率 κ_T (式 (48)) は，それぞれ，
$$\alpha = \frac{1}{V}\left(\frac{\partial V}{\partial T}\right)_p, \quad \beta = \frac{1}{p}\left(\frac{\partial p}{\partial T}\right)_V, \quad \kappa_T = -\frac{1}{V}\left(\frac{\partial V}{\partial p}\right)_T$$
で与えられる．
(1) α, β, κ_T の間にはどのような関係があるか．
(2) 関係式
$$\left(\frac{\partial S}{\partial V}\right)_T = \frac{\alpha}{\kappa_T}$$
を示せ．

演 習 問 題

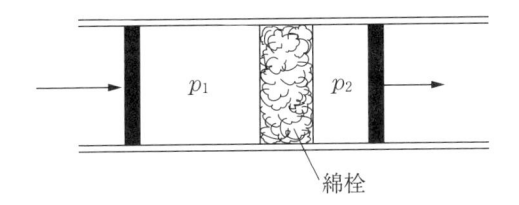

綿栓

[4] ジュール–トムソンの実験は，断熱壁をもつ管の中に綿栓をつめ，両側に一定の圧力差を与え，高圧側から低圧側に気体を定常的に流し出す実験である．図で，初め圧力 p_1 の気体を圧力 p_2 の状態に徐々に押し出す．
  (1) ジュール–トムソンの実験は，式 (28) で定義するエンタルピー H が一定であることを示せ．
  (2) 圧力に対する温度変化を与えるジュール–トムソン係数 $\left(\frac{\partial T}{\partial p}\right)_H$ が次のようになることを示せ．
$$\left(\frac{\partial T}{\partial p}\right)_H = \frac{1}{C_p}\left\{T\left(\frac{\partial V}{\partial T}\right)_p - V\right\}$$

[5] 状態方程式が式 (103) で与えられるファンデルワールス気体 (1 モル) の場合に，ジュール–トムソン係数を計算せよ．とくに，a, b が小さいときに，a, b の 1 次まで与える表式を求めよ．そのとき，$\left(\frac{\partial T}{\partial p}\right)_H$ の符号が変わる温度を求めよ．

[6] 一様な常磁性体に磁場 H をかけると磁化 M が生じる (本問では記号 H はエンタルピーではなく，磁化を意味する)．準静的な磁化の変化 dM に伴い磁性体の受ける仕事は HdM である．
  (1) 断熱磁化率を $\chi_S = \left(\frac{\partial M}{\partial H}\right)_S$ とするとき
$$\chi_S = -\frac{\left(\frac{\partial S}{\partial H}\right)_M}{\left(\frac{\partial S}{\partial M}\right)_H}$$
  であることを示せ．
  (2) 磁化 M を一定にしたときの比熱を C_M，磁場 H を一定にしたときの比熱を C_H と書くことにする．また，等温磁化率を $\chi_T = \left(\frac{\partial M}{\partial H}\right)_T$ とするとき，χ_S をこれらの量で表せ．

[7] 古典的単原子理想気体のエントロピー S は式 (102) に示すように,

$$S(T, V, n) = n\left(C_V \log T + R \log \frac{V}{n} + S_0\right)$$

で与えられる. 2つの理想気体を2つの容器に入れ, 仕切りを断熱的に取り除いて気体を混合するときのエントロピー変化 ΔS を求めよ. また, エントロピー変化の正負について論ぜよ.

(1) モル数 (n), 温度 (T) が等しく, 圧力が p_1 と p_2 の場合.
(2) モル数 (n), 圧力 (p) が等しく, 温度が T_1 と T_2 の場合.

2章
平衡系の統計力学の原理

　熱力学においては，マクロな物理量のあいだの法則性を論じた．統計力学では，マクロな物質系を構成するミクロな粒子の運動に基づき，その系の熱力学的な性質を明らかにしていく．

2.1 ボルツマンの原理

2.1.1 位相空間とリウビルの定理

　ミクロ粒子の運動からマクロな物理量を定義するとすると，何らかの平均値をとる．実験的な手順を考えると，観測の時間平均をとることが考えられる．ミクロ粒子の運動が古典力学に従うときには，ニュートンの運動方程式で表される．一般座標 q_j とそれに共役な運動量 p_j を用いて，ハミルトンの正準運動方程式の形式で定式化できる．3次元の N 粒子系の運動の場合は，$3N$ 個の一般座標とそれに共役な運動量からなる $6N$ 次元の空間の上の点と体系の力学的状態を対応させることができる．この空間を位相空間という．

　位相空間の与えられた領域の各点が，考えている力学系の正準運動方程式に従って運動するとき，位相空間の領域の体積は不変である，という定理が知られている．この定理を，リウビル（Liouville）の定理とよぶ．すなわち，位相空間で $\Delta q_1 \Delta p_1 \Delta q_2 \Delta p_2 \cdots$ の領域にある状態は時間がたっても体積が等しい状態に変移する．図9に，位相空間における初期条件がわず

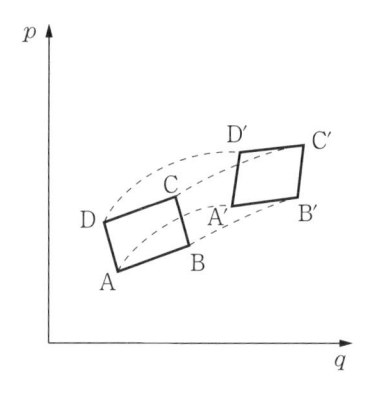

図 9 位相空間の"体積"の不変

かに違う4つの軌跡を示す．t_0 において A,B,C,D にあった軌跡上の点が，時間が経過して A′,B′,C′,D′ に移動したとき，面積 ABCD と面積 A′B′C′D′ は等しくなる．

2.1.2 等確率の原理とエルゴード仮説

リウビルの定理を考慮すると，「位相空間上で同じエネルギーをもつすべての微視状態は，同じ確率で実現する」と考えることができる．この仮定を等確率の原理，あるいは等重率の原理とよぶ．

また，この原理と密接に関連して，統計力学は，「1つの系の長い時間にわたる平均（長時間平均，すなわち観測値）は位相空間における母集団に対する平均（位相平均）と等しい」というエルゴード仮説に基づいて組み立てられている．

2.1.3 状 態 数

等確率の原理を使うために，位相空間の中の微視状態の状態数を数える必要がある．0 と E のあいだのエネルギーをとりうる微視状態の総数を $\Omega(E)$ とする．エネルギーが E と $E + \Delta E$ のあいだをとりうる微視状態

の総数を $W(E)\Delta E$ とすると，両者の関係は

$$W(E) = \frac{d\Omega(E)}{dE} \tag{112}$$

で与えられる．この $W(E)$ を熱力学的重率とよぶ．単に $W(E)$ をエネルギー E をとる状態数といういい方をする場合もある．$W(E)$ の絶対的な値は ΔE の取り方に依存するが，以下の議論には影響しない．

2.1.4　結合系の熱平衡

熱的に接触させた 2 つの系 A, B から成る結合系を考える．それぞれの状態数を $W_A(E), W_B(E)$ とする．2 つの系が熱平衡にあるための統計力学的な条件を考える．系 A のエネルギーが $E_A < E_A + dE_A$ にあり，系 B のエネルギーが $E_B < E_B + dE_B$ にある状態数は，$W_A(E_A)dE_A \times W_B(E_B)dE_B$ である．結合系のエネルギーが $E < E_A + E_B < E + \Delta E$ の範囲に存在する状態数 $W_{A+B}(E)\Delta E$ は，図 10 に示すように

$$W_{A+B}(E)\Delta E = \int_0^E W_A(E - E_B)W_B(E_B)\, dE_B\, \Delta E \tag{113}$$

となる．ここで，$E_A + E_B \to E$ と変数変換をした．等確率の原理によれば，エネルギーが一定の条件で，すべての微視状態は等しい出現確率をもつ．したがって，状態数の大きい状態が実現されると期待される．結合系全体のエネルギー分配としてもっとも起こりうる分配の仕方，すなわち最大確率をとるのは，

$$W_A(E - E_B)W_B(E_B) = 最大 \tag{114}$$

の条件で与えられる．これは

$$\log W_A(E - E_B) + \log W_B(E_B) = 最大 \tag{115}$$

としても同等である．E_B に関して極値をとることにより，式 (115) を最大にする条件として

$$\frac{\partial \log W_A(E - E_B)}{\partial E_B} + \frac{\partial \log W_B(E_B)}{\partial E_B} = 0 \tag{116}$$

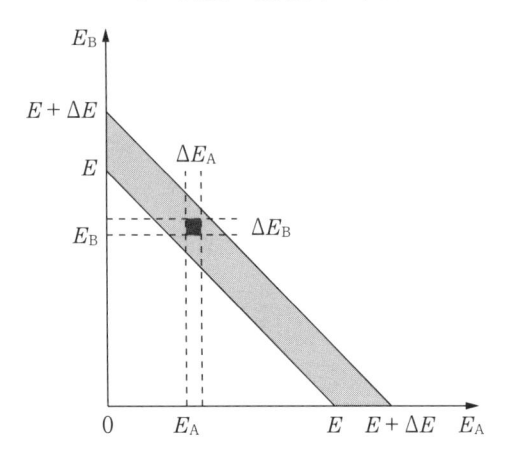

図 10 結合系のエネルギー

の関係式，あるいは

$$\frac{\partial \log W_A(E_A)}{\partial E_A} = \frac{\partial \log W_B(E_B)}{\partial E_B} \tag{117}$$

が得られる．これが系 A と系 B が熱平衡になる条件である．

2.1.5 古典理想気体の計算

ここで，具体的に，古典（単原子）理想気体の場合に熱力学的重率を求める．そのため，エネルギーが 0 から E までの位相空間の体積を計算する．量子力学の不確定性原理 $\Delta q \cdot \Delta p \sim h$ を考慮し，位相空間の体積を h^{3N} で割った量を，微視状態の数と考える．なお，h はプランク定数である．この定義に従い $\Omega(E)$ を計算するには，運動量空間については運動エネルギーの総和が E より小さい，すなわち，

$$\frac{1}{2m}(p_1^2 + \cdots + p_N^2) \leq E \tag{118}$$

という条件で積分すればよい．

$$\Omega(E) = \frac{1}{h^{3N}} \int d^{3N}q \int d^{3N}p \, _{\frac{1}{2m}(p_1^2+\cdots+p_N^2)\leq E}$$

2.1 ボルツマンの原理

$$= V^N \left(\frac{2m}{h^2}\right)^{3N/2} E^{3N/2} C_{3N} \tag{119}$$

であるから，式 (112) を用いて

$$W(E) = V^N \left(\frac{2m}{h^2}\right)^{3N/2} C_{3N} \frac{3N}{2} E^{3N/2-1} \tag{120}$$

が得られる．ただし，C_n は単位 n 次元球の体積であり，

$$C_n = \frac{\pi^{n/2}}{\Gamma(n/2+1)} \tag{121}$$

で与えられる．なお，ガンマ関数 $\Gamma(s)$ は，

$$\Gamma(s) = \int_0^\infty x^{s-1} e^{-x} dx \tag{122}$$

で定義される．

結局，古典理想気体の $W(E)$ の表式として

$$W(E) = V^N \left(\frac{2\pi m}{h^2}\right)^{3N/2} \frac{1}{\Gamma\left(\frac{3}{2}N\right)} E^{3N/2-1} \tag{123}$$

が得られる．なお，N 個の粒子が区別できなければ，式 (123) に $1/N!$ の因子がつく．

ここで，結合系の熱平衡条件（式 (117)）を考えるために，$\log W(E)$ の微分を計算すると

$$\frac{\partial \log W(E)}{\partial E} = \left(\frac{3N}{2} - 1\right) \frac{1}{E} \simeq \frac{3N}{2} \frac{1}{E} \tag{124}$$

が得られる．（単原子）理想気体のエネルギー E（熱力学では内部エネルギーを U と表していた）が式 (99) により

$$E = \frac{3}{2} N k_B T \tag{125}$$

で与えられることを考えると

$$\frac{\partial \log W(E)}{\partial E} = \frac{1}{k_B T} \tag{126}$$

となる．

2.1.6 ボルツマンの原理

式 (126) を統計力学的温度の定義式と考え，統計力学的温度を熱力学的温度と同じものとすることにより，つぎのようにしてミクロな状態の数 $W(E)$ をエントロピー S と関係づけることができる．すなわち，式 (26) で与えられる熱力学の関係

$$\left(\frac{\partial S}{\partial E}\right)_V = \frac{1}{T} \tag{127}$$

と比較し，

$$S = k_\mathrm{B} \log W(E) \tag{128}$$

とすれば，統計力学においてエントロピーを定義することができる．また，式 (117) の平衡の条件は $T_\mathrm{A} = T_\mathrm{B}$ となり，熱力学における熱平衡の条件と一致する．式 (128) をボルツマンの原理，あるいは，ボルツマンの関係式とよぶ．

2.1.7 エントロピーの加法性

このエントロピーを用いれば，2 つの系 A, B の結合系のエントロピーは

$$\begin{aligned}S(E_\mathrm{A}, E_\mathrm{B}) &= k_\mathrm{B} \log W(E_\mathrm{A}, E_\mathrm{B}) \\ &= k_\mathrm{B}(\log W(E_\mathrm{A}) + \log W(E_\mathrm{B})) \\ &= S(E_\mathrm{A}) + S(E_\mathrm{B})\end{aligned} \tag{129}$$

となる．これは，エントロピーの加法性を示している．

2.1.8 ギブスの定理

結合系 A+B が熱平衡状態でエネルギーが $E_\mathrm{A}, E_\mathrm{B}$ に分配される確率は

$$P(E_\mathrm{A}, E_\mathrm{B})\mathrm{d}E_\mathrm{A}\mathrm{d}E_\mathrm{B} = \frac{W_\mathrm{A}(E_\mathrm{A})W_\mathrm{B}(E_\mathrm{B})\mathrm{d}E_\mathrm{A}\mathrm{d}E_\mathrm{B}}{W_\mathrm{A+B}(E)\Delta E} \tag{130}$$

である．ここで，系 A のエネルギーだけに注目すると，系 A のエネルギーが E_A である確率は

2.1 ボルツマンの原理

$$P(E_\mathrm{A})\mathrm{d}E_\mathrm{A} = \frac{W_\mathrm{B}(E-E_\mathrm{A})\Delta E}{W_\mathrm{A+B}(E)\Delta E} \times W_\mathrm{A}(E_\mathrm{A})\mathrm{d}E_\mathrm{A} \quad (131)$$

となる．とくに，結合系 A+B が 系 A に比べて十分に大きい場合，すなわち $E_\mathrm{A} \ll E_\mathrm{A} + E_\mathrm{B} = E$ である場合を考えることにする．その場合に，ボルツマンの関係式 (128) を用いて

$$\begin{aligned}\frac{W_\mathrm{B}(E-E_\mathrm{A})\Delta E}{W_\mathrm{B}(E)\Delta E} &= \exp\left\{\frac{1}{k_\mathrm{B}}(S_\mathrm{B}(E-E_\mathrm{A})-S_\mathrm{B}(E))\right\} \\ &= \exp\left\{-\frac{1}{k_\mathrm{B}}\left(\frac{\partial S_\mathrm{B}}{\partial E}\right)E_\mathrm{A} + \frac{1}{2k_\mathrm{B}}\left(\frac{\partial^2 S_\mathrm{B}}{\partial E^2}\right)E_\mathrm{A}^2 + \cdots\right\}\end{aligned} \quad (132)$$

と展開する．ここで第 2 項以下が省略できれば

$$\begin{aligned}P(E_\mathrm{A})\mathrm{d}E_\mathrm{A} &\simeq \exp\left\{-\frac{1}{k_\mathrm{B}}\left(\frac{\partial S_\mathrm{B}}{\partial E}\right)E_\mathrm{A}\right\}W_\mathrm{A}(E_\mathrm{A})\mathrm{d}E_\mathrm{A} \\ &= \exp\left(-\frac{E_\mathrm{A}}{k_\mathrm{B}T}\right)W_\mathrm{A}(E_\mathrm{A})\mathrm{d}E_\mathrm{A}\end{aligned} \quad (133)$$

が得られる．ここで，式 (127) に従い，

$$\frac{1}{T} = \left(\frac{\partial S_\mathrm{B}}{\partial E}\right) \quad (134)$$

により，T を表した．いま考えた非常に大きな系 B は熱浴 (heat bath) とよばれ，温度を保つための熱の供給源の役割をはたす．式 (133) は，温度 T の熱浴に接触した部分系 A のエネルギーのとりうる確率を与え，ギブスの定理とよぶ．また，ここで登場する

$$\exp\left(-\frac{E_\mathrm{A}}{k_\mathrm{B}T}\right) \quad (135)$$

をボルツマン因子とよぶ．

2.1.9 スターリングの公式

統計力学の計算には，大きな数の階乗がしばしば現れる．その計算には，

$$N! \simeq \sqrt{2\pi N}\, N^N\, \mathrm{e}^{-N} \quad \text{for} \quad N \gg 1 \quad (136)$$

あるいは，初めの因子 $\sqrt{2\pi N}$ を省いた

$$\log N! \simeq N(\log N - 1) \tag{137}$$

の近似式が使われる．これをスターリングの公式とよぶ．

2.1.10 理想気体のエントロピーの示量性

古典理想気体の場合の $W(E)$ を，式 (123) で計算した．ボルツマンの関係でエントロピーを計算しようとすると，エントロピーは示量性の条件を満たさない．式 (123) に $1/N!$ の因子をかければ，

$$\begin{aligned} S &= k_{\mathrm{B}} \log \left\{ \frac{V^N}{N!} \left(\frac{2\pi m}{h^2} \right)^{3N/2} \frac{1}{\Gamma\left(\frac{3}{2}N\right)} E^{3N/2-1} \right\} \\ &\simeq k_{\mathrm{B}} N \left[\log \frac{V}{N} + \frac{3}{2} \log \frac{4\pi m}{3h^2} \frac{E}{N} + \frac{5}{2} \right] \end{aligned} \tag{138}$$

が得られ，エントロピーは示量性の量，すなわち，粒子数 N に比例する量となる．なお，粒子数 N は十分に大きいとしてスターリングの公式を用いた．$1/N!$ の因子は粒子が区別できないことのために必要で，正確には量子統計を用いてその起源が明らかにされる．この $1/N!$ の因子は，区別のできない粒子からなる気体を混合したときに，エントロピーが増大するかというギブスのパラドックスと関連している．式 (138) は熱力学で求めた理想気体のエントロピー (式 (102)) と一致している．

2.1.11 量子調和振動子の計算

例として，量子調和振動子系の統計力学を調べる．量子力学で示されるように，角振動数が ω である調和振動子のエネルギー準位は

$$\epsilon = \left(n + \frac{1}{2} \right) \hbar \omega \quad (n = 0, 1, \cdots) \tag{139}$$

で与えられる．ここで，$\hbar$ はプランク定数 h を 2π で割ったものである．それぞれのエネルギー準位をとる粒子数の組 $(n_1, \cdots, n_N)$ が N 個の振動子全体の微視状態を記述することになる．ここで，$\frac{1}{2}\hbar\omega \times N$ はエネルギー原点

2.1 ボルツマンの原理

を与えるだけなので除外して考える．この項は，零点エネルギーからの寄与である．零点エネルギーを除いた全系のエネルギーが $M\hbar\omega$ ($M = 0, 1, \cdots$) であるときの N 粒子の微視状態のとりうる数 $W_N(M)$ を求める．個々の振動子のエネルギーの和が $M\hbar\omega$ であるから，

$$n_1 + n_2 + \cdots + n_N = M \tag{140}$$

である．M を与えたときのこのような組合せの数は

$$W_N(M) = \frac{(M+N-1)!}{M!(N-1)!} \tag{141}$$

で与えられる．

式 (141) を式 (128) に代入すると，粒子数は十分に大きいとしてスターリングの公式 (137) を用いて

$$\begin{aligned}
S &= k_B \log \frac{(M+N-1)!}{M!(N-1)!} \\
&\simeq k_B \Big[(M+N)(\log(M+N)-1) \\
&\quad - M(\log M - 1) - N(\log N - 1)\Big] \\
&= k_B N \left[\frac{E'}{N\hbar\omega}\log\left(1 + \frac{N\hbar\omega}{E'}\right) + \log\left(1 + \frac{E'}{N\hbar\omega}\right)\right]
\end{aligned} \tag{142}$$

が得られる．$E' = M\hbar\omega$ の関係を用いて，エントロピー S をエネルギー E' の式で表した．

温度 T をエントロピーから計算し，エネルギー E' の関数として求めることができる．

$$\frac{1}{T} = \frac{\partial S}{\partial E'} = k_B \left[\frac{1}{\hbar\omega}\log\frac{E' + N\hbar\omega}{E'}\right] \tag{143}$$

そして，エネルギー E' を温度 T の関数として表すために逆に解き，さらに，これまで落としていた零点エネルギーの項も加えれば

$$E = N\hbar\omega\left[\frac{1}{2} + \frac{1}{\exp\left(\dfrac{\hbar\omega}{k_B T}\right) - 1}\right] \tag{144}$$

が得られる．またエントロピーも

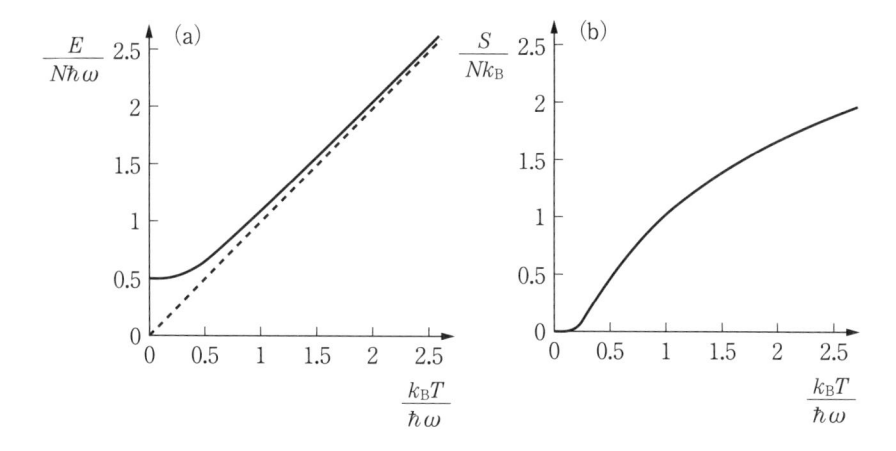

図 11 　量子調和振動子のエネルギー (a) とエントロピー (b)

$$\frac{S}{Nk_B} = \frac{\dfrac{\hbar\omega}{k_B T}}{1 - \exp\left(-\dfrac{\hbar\omega}{k_B T}\right)} - \log\left(\exp\left(\frac{\hbar\omega}{k_B T}\right) - 1\right) \quad (145)$$

のように，温度の関数として求められる．エネルギーとエントロピーの温度依存性を図 11 に示す．

2.2 　アンサンブル理論

　一般的に確率分布を扱う際には，考えている事象の実現可能な多くの要素から成る集合を考える．統計力学においては，このような集合を統計集団，あるいはアンサンブル (ensemble) とよぶ．同じ性質をもつ多数の系のアンサンブルを扱うことを提唱したのは，ギブスである．ここで，前節で示した統計力学の原理を統計集団の形で整理する．

2.2.1 ミクロカノニカルアンサンブル

等確率の原理の議論では，全体のエネルギーが一定という条件で微視状態の出現確率を論じたが，粒子数，体積も一定であることを暗に仮定していた．改めて等確率の原理を述べると，粒子数 N, 体積 V, エネルギー E がいずれも一定という条件のもとでの，平衡状態にある体系においては，その微視状態は，すべて等しい確率で出現するということになる．

この等確率の原理に基づく実現確率をもつ統計集団をミクロカノニカルアンサンブル (microcanonical ensemble)，あるいは小正準集団という．また，その分布をミクロカノニカル分布という．

2.2.2 カノニカルアンサンブル

ミクロカノニカルアンサンブルでは，エネルギーが一定の統計集団を扱った．現実の体系を考えると，温度 T を指定した取扱いが便利である．粒子数 N, 体積 V, 温度 T が指定された平衡状態にある体系を扱う統計集団が，カノニカルアンサンブル (canonical ensemble)，あるいは正準集団である．

体系の温度が指定されているということは，その体系が外界と接しながら熱平衡状態にあることを意味する．カノニカルアンサンブルは，ギブスの定理，すなわち，式 (133) の実現確率をもつ統計集団である．

2.2.3 状　態　和

ここで，カノニカルアンサンブルについて，前節とは異なる取扱いを示そう．多粒子系を考え，また，粒子間の相互作用があってもよいとする．ここで，M 個のコピーのエネルギーの総和 $\mathcal{E}$ は一定であるが，コピー間ではエネルギーの交換が可能であるとする．j 番目の状態に分類される（エネルギーが E_j である）コピーの個数を M_j とする．そのとき，M 個のコピーがとりうる状態の数は，

$$W = \frac{M!}{\prod_j M_j!} \tag{146}$$

となる.すべてのコピーのエネルギーの和が一定の条件のもとでは,ミクロカノニカルアンサンブルに対する等確率の原理を用いることができる.そこで,付加条件

$$\sum_j M_j = M \tag{147}$$

$$\sum_j E_j M_j = \mathcal{E} \tag{148}$$

のもとに $\log W$ を最大とすることを考える.このような条件付きの極値問題を取り扱うには,ラグランジュの未定係数法を用いるのが便利である.スターリングの公式 (137) を用いて,

$$\begin{aligned}\log W &\simeq M(\log M - 1) - \sum_j M_j(\log M_j - 1)\\ &= M\log M - \sum_j M_j \log M_j\end{aligned} \tag{149}$$

と書きかえ,M_j の微小変化 δM_j に対し,$\log W$ の変化を計算すると,極値の条件は,

$$\delta \log W = -\sum_j (\log M_j + 1)\delta M_j = 0 \tag{150}$$

となり,付加条件から得られる

$$\sum_j \delta M_j = 0 \tag{151}$$

$$\sum_j E_j \delta M_j = 0 \tag{152}$$

をあわせてラグランジュの未定係数法を用いると,

$$\sum_j (\log M_j + \alpha + \beta E_j)\,\delta M_j = 0 \tag{153}$$

という条件になる.

この式がつねに成り立つためには

$$\log M_j + \alpha + \beta \epsilon_j = 0 \tag{154}$$

であればよい．この条件を満足する M_j は，

$$M_j = \mathrm{e}^{-\alpha - \beta E_j} \tag{155}$$

となる．これが，$\log W$ の最大値を与える $\{M_j\}$ の組である．j について和をとることにより，体系がエネルギー E_j の状態をしめる確率が，

$$p_j = \frac{M_j}{M} = \frac{\mathrm{e}^{-\beta E_j}}{\sum_j \mathrm{e}^{-\beta E_j}} \tag{156}$$

であることが導かれる．ここで規格化因子として

$$Z = \sum_j \mathrm{e}^{-\beta E_j} \tag{157}$$

を用いれば

$$p_j = \frac{\mathrm{e}^{-\beta E_j}}{Z} \tag{158}$$

と書くことができる．この Z を状態和，あるいは，分配関数 (partition function) とよぶ．和はすべてのとりうる状態についてとる．エネルギーが縮退している場合は縮退数だけ倍加される．

ここで，β の意味を考えるために，式 (128) のボルツマンの関係式が成り立つとして，W を最大とする $\{M_j\}$ をとるときのエントロピーを計算する．

$$S = k_\mathrm{B} \log W_{\{M_j\}} = k_\mathrm{B} \{M \log M + \alpha M + \beta \mathcal{E}\} \tag{159}$$

と書き直せるので，式 (134) を用いて

$$\frac{\partial S}{\partial \mathcal{E}} = \frac{1}{T} = k_\mathrm{B} \beta \tag{160}$$

となる．したがって，

$$\beta = \frac{1}{k_\mathrm{B} T} \tag{161}$$

の関係が得られるが，式 (158) をみると，ボルツマン因子 (135) が得られたことになる．

結果をまとめると，つぎのようになる．粒子数 N，体積 V，温度 T が指定された平衡状態にある体系で，エネルギーが E_j である1つの微視状態

の出現確率は，$\beta = 1/(k_\mathrm{B}T)$ として，

$$\frac{\mathrm{e}^{-\beta E_j}}{Z} = \frac{\mathrm{e}^{-\beta E_j}}{\sum_j \mathrm{e}^{-\beta E_j}} \tag{162}$$

で与えられる．この分布がカノニカル分布 (canonical distribution) である．

2.2.4 カノニカル分布における平均値

ある統計集団の分布が与えられるときの平均値の計算の一般的な手続きから，式 (158) より，物理量 A の平均値は，

$$\langle A \rangle = \frac{1}{Z} \sum_j A_j \mathrm{e}^{-\beta E_j} \tag{163}$$

となる．したがって，この統計集団におけるエネルギーの平均値は

$$E = \langle E \rangle = \frac{1}{Z} \sum_j E_j \mathrm{e}^{-\beta E_j} = -\frac{\partial}{\partial \beta} \log Z \tag{164}$$

により計算できる．

2.2.5 状態和と自由エネルギーの関係

状態和の意味を考えるために，式 (157) において，β を $\beta + \mathrm{d}\beta$ と変化させたときの $\log Z$ の変化を調べる．すると，

$$\mathrm{d}(\log Z) = \frac{\mathrm{d}Z}{Z} = \frac{-\sum_j E_j \mathrm{e}^{-\beta E_j} \, \mathrm{d}\beta}{\sum_j \mathrm{e}^{-\beta E_j}} = -\langle E \rangle \, \mathrm{d}\beta \tag{165}$$

となる．$\beta = 1/(k_B T)$ であるので，$\mathrm{d}\beta = -\mathrm{d}T/(k_\mathrm{B}T^2)$ である．したがって，

$$\mathrm{d}(\log Z) = \frac{\langle E \rangle}{k_\mathrm{B}T^2} \mathrm{d}T \tag{166}$$

のように表される．ここで，熱力学で知られているヘルムホルツの自由エネルギー F に関するギブス–ヘルムホルツの式 (41)

$$E = -T^2 \left[\frac{\partial}{\partial T} \left(\frac{F}{T} \right) \right]_V \tag{167}$$

と比べると，

$$F = -k_\mathrm{B}T \log Z \tag{168}$$

とすれば，熱力学と対応することが導かれる．すなわち，ヘルムホルツの自由エネルギーが状態和から求められることになる．

2.2.6 ボルツマン–シャノンエントロピー

カノニカルアンサンブルにおいて，ある状態 j のとる確率 $p_j = \mathrm{e}^{-\beta E_j}/Z$ を $p_j \log p_j$ に代入すると，

$$-\sum_j p_j \log p_j = \sum_j p_j(\beta E_j + \log Z) = \frac{1}{k_\mathrm{B} T} E + \log Z \tag{169}$$

となる．エネルギーの平均値を単に E と表した．式 (168) の自由エネルギーの式 $F = -k_\mathrm{B} T \log Z$ と熱力学の関係式 $F = E - TS$ を用いると

$$S = -k_\mathrm{B} \sum_j p_j \log p_j \tag{170}$$

が得られる．これは，シャノンが情報理論の基礎付けとして情報エントロピーを導入したときに用いた形式であり，ボルツマン–シャノンエントロピーとよばれる．

2.2.7 独立な系の状態和の分離

考えている体系のエネルギーが独立な部分に分かれているとき，すなわち，

$$E = E^{(a)} + E^{(b)} + E^{(c)} + \cdots \tag{171}$$

のように表されている場合を考える．そのとき，状態和は，

$$Z = Z^{(a)} \cdot Z^{(b)} \cdot Z^{(c)} \cdots \tag{172}$$

と，それぞれの部分の状態和の積で与えられる．とくに，体系が同等な N 個の独立な粒子から成っていれば，その状態和は

$$Z = (Z_1)^N \tag{173}$$

で与えられることになる．ここで，Z_1 は 1 粒子についての状態和である．

2.2.8 量子調和振動子の計算

例として，量子調和振動子の問題をカノニカルアンサンブルの方法で計算する．角振動数が ω である N 個の調和振動子から成る体系を考えるが，1 個の振動子の固有エネルギーは

$$\epsilon_n = \hbar\omega\left(n + \frac{1}{2}\right) \quad (n = 0, 1, \cdots)$$

で与えられる．すべての許されるエネルギーについて和をとることにより，1 振動子についての状態和は，

$$Z_1 = \sum_{n=0}^{\infty} e^{-\beta\epsilon_n} = \frac{e^{-\frac{\beta}{2}\hbar\omega}}{1 - e^{-\beta\hbar\omega}} \tag{174}$$

と計算される．したがって，N 粒子系の平均エネルギーは，式 (164), (173) の関係を用いると

$$\begin{aligned} E &= -N\frac{\partial}{\partial\beta}\log Z_1 \\ &= N\hbar\omega\left[\frac{1}{2} + \frac{1}{e^{\beta\hbar\omega} - 1}\right] \end{aligned} \tag{175}$$

と計算される．これは，式 (144) で求めた結果と同じである．

また，ヘルムホルツの自由エネルギーを式 (168) に従って計算すると

$$\begin{aligned} F &= -Nk_\mathrm{B}T\log Z_1 \\ &= N\hbar\omega\left[\frac{1}{2} + \frac{1}{\beta\hbar\omega}\log(1 - e^{-\beta\hbar\omega})\right] \end{aligned} \tag{176}$$

となる．さらに，エントロピーは，

$$\begin{aligned} \frac{S}{k_\mathrm{B}} &= \beta^2\frac{\partial}{\partial\beta}F \\ &= N\left[-\log(e^{\beta\hbar\omega} - 1) + \frac{\beta\hbar\omega}{1 - e^{-\beta\hbar\omega}}\right] \end{aligned} \tag{177}$$

と計算される．これも，式 (145) と同じ結果である．

2.2.9 グランドカノニカルアンサンブル

カノニカルアンサンブルの方法では，エネルギーの変動を考えたが，粒子数 N も変動を許す取扱いが便利なことがある．これが，グランドカノニカルアンサンブル (grand canonical ensemble)，あるいは，大正準集団の方法である．

議論は，カノニカルアンサンブルの場合とほとんど並行して進めることができる．エネルギー，粒子が交換可能な M 個のコピーを考えることにする．N 個の粒子を含み，エネルギーが E_j であるコピーの個数を $M_{N,j}$ とする．M 個全体のエネルギーを $\mathcal{E}$，粒子数を $\mathcal{N}$ は一定とする．そのとき，M 個のコピーのとりうる状態の数は，

$$W = \frac{M!}{\prod_{N,j} M_{N,j}!} \tag{178}$$

となり，付加条件

$$\sum_{N,j} M_{N,j} = M \tag{179}$$

$$\sum_{N,j} E_{N,j} M_{N,j} = \mathcal{E} \tag{180}$$

$$\sum_{N,j} N M_{N,j} = \mathcal{N} \tag{181}$$

のもとに $\log W$ を最大にする．スターリングの公式 (137) を用い，

$$\log W \simeq M \log M - \sum_{N,j} M_{N,j} \log M_{N,j} \tag{182}$$

と書きかえると，極値の条件は，付加条件とあわせて

$$\sum_{N,j} \left(\log M_{N,j} + \alpha + \beta E_{N,j} + \gamma N \right) \delta M_{N,j} = 0 \tag{183}$$

となる．ここで，α, β, γ はラグランジュの未定係数である．

カノニカルアンサンブルと同様の計算で，体系が粒子数 N をもち，エネルギー $E_{N,j}$ の状態をしめる確率が，

$$\frac{M_{N,j}}{M} = \frac{\mathrm{e}^{-\beta E_{N,j}-\gamma N}}{\sum_{N,j}\mathrm{e}^{-\beta E_{N,j}-\gamma N}} \tag{184}$$

と求まる. また,

$$Z_\mathrm{G} = \sum_{N,j}\mathrm{e}^{-\beta E_{N,j}-\gamma N} \tag{185}$$

により定義される大きな状態和, あるいは大分配関数 (grand partition function) を用いると, 式 (184) は

$$\frac{M_{N,j}}{M} = \frac{\mathrm{e}^{-\beta E_{N,j}-\gamma N}}{Z_\mathrm{G}} \tag{186}$$

と表される. また, 物理量 A の平均値は

$$\langle A \rangle = \frac{1}{Z_\mathrm{G}}\sum_{N,j}A_{N,j}\,\mathrm{e}^{-\beta E_{N,j}-\gamma N} \tag{187}$$

により計算される. 粒子数も変動するので, その平均値が

$$\langle N \rangle = \frac{\sum_{N,j}N\mathrm{e}^{-\beta E_{N,j}-\gamma N}}{\sum_{N,j}\mathrm{e}^{-\beta E_{N,j}-\gamma N}} \tag{188}$$

により計算される.

2.2.10 化学ポテンシャル

β はカノニカルアンサンブルの場合と同様に $1/(k_\mathrm{B}T)$ となる. γ の意味を調べるために, 式 (185) において, β を $\beta+\mathrm{d}\beta$, γ を $\gamma+\mathrm{d}\gamma$ と変化させたときの $\log Z_\mathrm{G}$ の変化をみると,

$$\begin{aligned}\mathrm{d}(\log Z_\mathrm{G}) &= \frac{\mathrm{d}Z_\mathrm{G}}{Z_\mathrm{G}} \\ &= -\frac{1}{Z_\mathrm{G}}\sum_{N,j}E_{N,j}\,\mathrm{e}^{-\beta E_{N,j}}\,\mathrm{d}\beta - \frac{1}{Z_\mathrm{G}}\sum_{N,j}N\mathrm{e}^{-\beta E_{N,j}}\,\mathrm{d}\gamma \\ &= -\langle E \rangle\,\mathrm{d}\beta - \langle N \rangle\,\mathrm{d}\gamma \end{aligned} \tag{189}$$

となる. 熱力学でオイラーの定理として知られる関係式 (53)

$$E - TS + pV = N\mu \tag{190}$$

とギブス-デュエムの式 (56) より導かれる

$$\mathrm{d}\Big(\frac{pV}{k_{\mathrm{B}}T}\Big) = N\mathrm{d}\Big(\frac{\mu}{k_{\mathrm{B}}T}\Big) + \frac{E}{k_{\mathrm{B}}T^2}\mathrm{d}T + \frac{p}{k_{\mathrm{B}}T}\mathrm{d}V \tag{191}$$

に着目する．なお，μ は化学ポテンシャルである．ここで，式 (189) と式 (191) を比較する．体積 V を一定とすると

$$\log Z_{\mathrm{G}} = \frac{pV}{k_{\mathrm{B}}T} \tag{192}$$

$$\gamma = -\frac{\mu}{k_{\mathrm{B}}T} \tag{193}$$

とすれば，熱力学と対応させることができる．

得られた結果をいいかえると，体積 V，温度 T，考えている物質の化学ポテンシャル μ が指定された体系では，粒子数が N でエネルギーが $E_{N,j}$ の 1 つの微視状態の出現確率が

$$\frac{\mathrm{e}^{-\beta(E_{N,j}-\mu N)}}{Z_{\mathrm{G}}} = \frac{\mathrm{e}^{-\beta(E_{N,j}-\mu N)}}{\sum_{N,j} \mathrm{e}^{-\beta(E_{N,j}-\mu N)}} \tag{194}$$

で与えられることになる．この分布をグランドカノニカル分布 (grand canonical distribution) とよぶ．

2.2.11 熱力学ポテンシャル

大きな状態和は $\gamma = -\beta\mu$ を用いると

$$Z_{\mathrm{G}} = \sum_{N,j} \mathrm{e}^{-\beta(E_{N,j}-\mu N)} \tag{195}$$

と表される．ここで，

$$Z_{\mathrm{G}} = \exp(-\beta\Omega) \tag{196}$$

すなわち，

$$\log Z_{\mathrm{G}} = -\beta\Omega \tag{197}$$

の式により定義した Ω を熱力学ポテンシャル (grand potential) とよぶ．式 (192) からわかるように

$$\Omega = -pV \tag{198}$$

である．また，粒子数の平均値の計算には

$$\langle N \rangle = \left(\frac{\partial \log Z_{\mathrm{G}}}{\beta \partial \mu}\right)_{V,T} = -\left(\frac{\partial \Omega}{\partial \mu}\right)_{V,T} \tag{199}$$

の関係が便利である．ギブズ–デュエムの式 (56) を利用すると，

$$\mathrm{d}\Omega = -p\mathrm{d}V - S\mathrm{d}T - N\mathrm{d}\mu \tag{200}$$

であるので，熱力学の関係式として

$$N = -\left(\frac{\partial \Omega}{\partial \mu}\right)_{V,T} \tag{201}$$

が導かれるし，同様にして，エントロピーも

$$S = -\left(\frac{\partial \Omega}{\partial T}\right)_{V,\mu} \tag{202}$$

と計算される．

2.2.12 状態和と大きな状態和

カノニカルアンサンブルにおける状態和 Z は，一般に V, T, N の関数である．それに対して，グランドカノニカルアンサンブルにおける大きな状態和 Z_{G} では，粒子数 N ではなく化学ポテンシャル μ が指定される．両者の関係は，

$$Z_{\mathrm{G}}(V, T, \mu) = \sum_N \lambda^N\, Z(V, T, N) \tag{203}$$

で与えられる．ただし，

$$\lambda = \mathrm{e}^{\beta\mu} \tag{204}$$

とおいた．

例として，理想気体をとりあげる．粒子数 N の（単原子）理想気体の状態和 Z_N は，位相空間における積分を実行し，それを h^{3N} で割った量を微視状態の数とすること，および，エントロピーの計算のときに議論した $1/N!$ の因子を考慮して

$$Z_N = \frac{1}{h^{3N} N!} V^N (2\pi m k_{\mathrm{B}} T)^{3N/2} \tag{205}$$

と計算される．したがって，大きな状態和は，指数関数の展開式に注意して，

$$Z_{\mathrm{G}} = \sum_{N=0}^{\infty} \lambda^N Z_N = \exp\left(\frac{\lambda V (2\pi m k_{\mathrm{B}} T)^{3/2}}{h^3}\right) \tag{206}$$

と求まる. 式 (199) より

$$\langle N \rangle = \frac{\lambda V (2\pi m k_{\mathrm{B}} T)^{3/2}}{h^3} = \frac{\mathrm{e}^{\beta\mu} V (2\pi m k_{\mathrm{B}} T)^{3/2}}{h^3} \tag{207}$$

と計算される.

2.3 統計集団とゆらぎ

統計集団では，平均値だけでなく，平均値のまわりのゆらぎも重要な意味をもつ．一般に，統計分布が与えられるとき，変数 x の平均値からのずれの 2 乗の平均値

$$\langle (x - \langle x \rangle)^2 \rangle = \langle x^2 \rangle - \langle x \rangle^2 \tag{208}$$

のことを分散とよぶ．これを $(\Delta x)^2$ と書くことにするとき，Δx のことを標準偏差とよぶ．

2.3.1 エネルギーのゆらぎ

カノニカルアンサンブルで比熱を計算するには，エネルギーの平均値のカノニカル分布による表式 (164) の温度微分を実行すればよい．ところが式を変形すると，

$$\begin{aligned} C_V &= \frac{\partial \langle E \rangle}{\partial T} = -k_{\mathrm{B}} \beta^2 \frac{\partial}{\partial \beta}\left(\frac{\sum_j E_j \mathrm{e}^{-\beta E_j}}{Z}\right) \\ &= k_{\mathrm{B}} \beta^2 \left[\frac{\sum_j E_j^2 \mathrm{e}^{-\beta E_j}}{Z} - \frac{(\sum_j E_j \mathrm{e}^{-\beta E_j})^2}{Z^2}\right] \\ &= k_{\mathrm{B}} \beta^2 (\langle E^2 \rangle - \langle E \rangle^2) \end{aligned} \tag{209}$$

という関係式が得られる．エネルギーのゆらぎから比熱が計算できることになる．

エネルギーの相対誤差は

$$R = \frac{\Delta E}{\langle E \rangle} = \frac{\sqrt{(\Delta E)^2}}{\langle E \rangle} = \frac{\sqrt{k_\mathrm{B} T^2 C_V}}{\langle E \rangle} \tag{210}$$

と表すことができる．

理想気体の場合にエネルギーの相対誤差を計算すると，$C_V \sim Nk_\mathrm{B}$，$\langle E \rangle \sim Nk_\mathrm{B}T$ であることから

$$R = \frac{\sqrt{k_\mathrm{B} T^2 N k_\mathrm{B}}}{N k_\mathrm{B} T} = \frac{1}{\sqrt{N}} \tag{211}$$

となり，粒子数が大きい場合には（たとえば，10^{23} 程度とすると），ほとんどゆらぎが無視できることがわかる．このことから，ミクロカノニカルアンサンブルの方法とカノニカルアンサンブルの方法が熱力学的極限 ($N \to \infty$) では等価であることがわかる．

系が相転移を起こすとき，相転移点近傍で比熱が発散する．すなわち，エネルギーのゆらぎが発散することになる．そのような相転移点近傍でゆらぎが大きくなる現象を臨界揺動という．

2.3.2 粒子数のゆらぎ

グランドカノニカルアンサンブルでは，体系の粒子数 N は固定していない．カノニカルアンサンブルでエネルギーのゆらぎを議論したときと同様の関係を粒子数のゆらぎについて示すことができる．すなわち，

$$\begin{aligned}
\frac{\partial \langle N \rangle}{\partial \mu} &= \frac{\partial}{\partial \mu} \left(\frac{\sum_{N,j} N\, \mathrm{e}^{-\beta(E_{N,j} - \mu N)}}{Z_\mathrm{G}} \right) \\
&= \beta \left[\frac{\sum_{N,j} N^2 \mathrm{e}^{-\beta(E_{N,j} - \mu N)}}{Z_\mathrm{G}} - \frac{(\sum_{N,j} N\, \mathrm{e}^{-\beta(E_{N,j} - \mu N)})^2}{Z_\mathrm{G}^2} \right] \\
&= \beta (\langle N^2 \rangle - \langle N \rangle^2)
\end{aligned} \tag{212}$$

という関係式が得られる．これは，カノニカル分布におけるエネルギーのゆらぎの式 (209) に対応している．

理想気体の場合に，式 (207) を用いて，μ で偏微分すると，

$$\frac{\partial \langle N \rangle}{\partial \mu} = \beta \langle N \rangle \tag{213}$$

となる．式 (212) と比較して

$$R = \frac{\Delta N}{\langle N \rangle} = \frac{1}{\sqrt{\langle N \rangle}} \tag{214}$$

であることがわかる．粒子数の相対的なゆらぎについても，粒子数が大きい場合には，ほとんどゆらぎが無視できることがわかる．このことから，カノニカルアンサンブルの方法とグランドカノニカルアンサンブルの方法が熱力学的極限では等価になる．

　しかし，相転移点近傍では臨界揺動のために粒子数のゆらぎが大きくなり，たとえば流体の気相液相の臨界点近傍で光散乱実験を行うと，大きな光散乱が観測される．また，粒子数が小さな微粒子などでは，ゆらぎの効果が無視できなくなる．

演 習 問 題

[**1**] 各粒子のエネルギーが 0 と ϵ (> 0) の 2 つの量子状態をとることができる N 個の独立な粒子からなる系を考える．

 (1) ミクロカノニカルアンサンブルの方法を用いて温度 T を定義し，エネルギーの温度依存性を求めよ．

 (2) カノニカルアンサンブルの方法を用いてエネルギーの温度依存性を求めよ．

[**2**] 調和振動子の比熱を古典力学で考える．1 粒子あたりの状態和

$$Z_1 = \frac{1}{h} \int_{-\infty}^{\infty} dp \int_{-\infty}^{\infty} dx \, \exp[-\beta \mathcal{H}]$$

を計算することにより，エネルギー，比熱を計算せよ．$\mathcal{H}$ として，調和振動子のハミルトニアンを用いよ．

[**3**] 古典調和振動子に Bx^4 の非調和項が加わったときの比熱の振る舞いを調べよ．

3章
統計力学の手法

3.1 量子統計

3.1.1 ボース粒子とフェルミ粒子

量子力学を用いて同等な N 個の粒子から成る系を考える．このような系を同種粒子多体系とよぶ．この N 粒子系の波動関数を $\Psi(\{r_i\})$ と表すときに，系のハミルトニアンが粒子 i,j の入れ替えに関して不変であることから，位相因子だけの不定性があり，

$$\Psi(\cdots,r_i,\cdots,r_j,\cdots) = e^{i\theta}\Psi(\cdots,r_j,\cdots,r_i,\cdots) \tag{215}$$

となる．2度粒子を入れ替えるともとに戻ることから

$$e^{i\theta} = \pm 1 \tag{216}$$

となる．粒子の座標の入れ替えに関して不変（対称）である粒子をボース粒子，符号を交換して不変（反対称）である粒子をフェルミ粒子とよぶ．

3.1.2 量子力学とスピン

量子力学的な粒子は，スピンという内部自由度をもつ．スピンの大きさは，プランク定数 $\hbar = h/2\pi$ を単位として $0, 1/2, 1, 3/2, \cdots$ と0または正の整数，または半整数が許される．スピンの大きさが0または正の整数のとき，ボース粒子である．これに対して，スピンの大きさが半整数である

粒子は，フェルミ粒子となる．

3.1.3 完全対称波動関数と完全反対称波動関数

相互作用のない自由粒子系を考え，1粒子状態の波動関数を $\phi_i(r_i)$ と表すとき，N 粒子系の波動関数

$$\Psi(r_1, r_2, \cdots, r_N) = \frac{1}{\sqrt{N!}} \sum_P \phi_1(Pr_1)\phi_2(Pr_2)\cdots\phi_N(Pr_N) \qquad (217)$$

は，任意の 2 つの粒子の座標の交換に対する対称性を満足する．これを完全対称波動関数とよぶが，ボース粒子の波動関数としての条件をみたす．ここで，P は粒子の置換を表す演算子で，$(Pr_1, Pr_2, \cdots, Pr_N)$ で表される置換の組合せは $N!$ 通りある．その $N!$ 通りの可能な置換に関して和をとる．

一方，任意の 2 つの粒子の座標を交換に対する反対称性を満足する同種の N 粒子の波動関数

$$\Psi(r_1, r_2, \cdots, r_N) = \frac{1}{\sqrt{N!}} \sum_P (-1)^P \phi_1(Pr_1)\phi_2(Pr_2)\cdots\phi_N(Pr_N) \qquad (218)$$

を完全反対称波動関数とよび，フェルミ粒子の波動関数の条件をみたす．ここで，$(-1)^P$ は偶置換のとき $+1$，奇置換のとき -1 とする．偶置換とは，偶数回の 2 粒子の交換で表される置換のことで，奇置換は，奇数回の 2 粒子の交換で表される置換のことである．式 (217)，(218) の前の $\frac{1}{\sqrt{N!}}$ は規格化因子で 1 粒子波動関数 ϕ_i が規格化されていることを仮定している．

3.1.4 スレーター行列式

同種のフェルミ粒子系の場合，式 (218) は，行列式の形

$$\Psi(r_1, r_2, \cdots, r_N) = \frac{1}{\sqrt{N!}} \begin{vmatrix} \phi_1(r_1) & \cdots & \phi_1(r_N) \\ \phi_2(r_1) & \cdots & \phi_2(r_N) \\ \vdots & & \vdots \\ \phi_N(r_1) & \cdots & \phi_N(r_N) \end{vmatrix} \qquad (219)$$

に表すことができ,これをスレーター行列式とよぶ.

3.1.5 パウリ原理

フェルミ粒子の波動関数(式 (218),あるいは式 (219))をみると,2つ以上の状態が同じである,いいかえると,同じ状態を2個以上の粒子が占めると,波動関数が0になる,すなわち,フェルミ粒子は1つの1粒子状態を1個しか占めることができない.これをパウリ原理あるいはパウリの排他律という.これに対し,式 (217) のボース粒子の波動関数の場合には,1粒子状態に入る個数に制限はない.

3.1.6 ボース統計,フェルミ統計,分数統計

ボース粒子の従う統計をボース統計とよび,ボース粒子のことをボソン (boson) ともいう.フェルミ粒子の従う統計をフェルミ統計とよび,フェルミ粒子のことをフェルミオン (fermion) ともいう.両者の統計を合わせて量子統計とよぶ.

一般の空間次元ではこれら2つの統計しかないが,2次元では事情が異なる.右まわりに粒子を入れ替える操作と左まわりに粒子を入れ替える操作が連続的に変形できないことに対応して,式 (215) における θ は任意の値をとることができる.この粒子の従う統計を分数統計,また分数統計に従う粒子をエニオン (anyon) とよぶ.分数統計は,ボース統計とフェルミ統計の中間的な性質をもつ.

3.1.7 粒子数表示

同種粒子多体系の統計力学的な性質を考える際には，粒子が区別できないので，個々の粒子がどの量子状態にあるかを考えることは意味がない．1粒子の量子状態に番号をつけ，量子状態 k をしめる粒子数を n_k とする．n_k のとりうる値はフェルミ粒子の場合は，パウリ原理により，

$$n_k = 0, 1 \tag{220}$$

にかぎられる．一方，ボース粒子の場合はそのような制限はない，すなわち，

$$n_k = 0, 1, 2, \cdots \tag{221}$$

となる．また，全粒子数を N とすると

$$N = \sum_k n_k \tag{222}$$

であり，1粒子量子状態が k であるときのエネルギーを ϵ_k とすると，全エネルギーは

$$E = \sum_k \epsilon_k n_k \tag{223}$$

と表される．このように，量子状態を1粒子状態を占める粒子数で表すことを粒子数表示という．状態は占有する粒子数の組 $\{n_1, n_2, \cdots\}$ で指定される．

3.1.8 大きな状態和

同種粒子系の統計力学を調べるために，カノニカルアンサンブルの方法を用いることを考えてみる．粒子数が N であるという制限により，状態和の計算は

$$Z = \sum_{\sum n_k = N} e^{-\beta \sum_k \epsilon_k n_k} \tag{224}$$

と表される．このような制限のもとで状態和の計算を行うのは困難である．

量子統計の計算においては，グランドカノニカルアンサンブルの取扱い

が便利である．温度 T とともに化学ポテンシャル μ を指定して，大きな状態和

$$Z_\mathrm{G} = \sum_N \sum_k \mathrm{e}^{-\beta(E_{N,k}-\mu N)} \tag{225}$$

を計算する．$E_{N,k}$ は N 個の粒子を含む系の k 番目のエネルギー固有値である．ところが，すべての N に対する和をとるので，n_k は独立に変わるとして計算してよい．したがって大きな状態和は

$$Z_\mathrm{G} = \sum_{n_k} \mathrm{e}^{-\beta(\sum_k \epsilon_k n_k - \mu \sum_k n_k)} \tag{226}$$

で計算できる．

3.2 フェルミ統計

3.2.1 フェルミ分布

具体的にフェルミ粒子の場合に式 (226) を計算しよう．フェルミ粒子の場合には $n_k = 0, 1$ であるので，

$$\begin{aligned} Z_\mathrm{G} &= \sum_{n_k} \prod_k \mathrm{e}^{-\beta(\epsilon_k-\mu)n_k} \\ &= \prod_k [1 + \mathrm{e}^{-\beta(\epsilon_k-\mu)}] \end{aligned} \tag{227}$$

と計算される．

式 (197) で定義した熱力学ポテンシャル Ω は，

$$\begin{aligned} \Omega &= -\frac{1}{\beta} \log Z_\mathrm{G} \\ &= -\frac{1}{\beta} \sum_k \log(1 + \mathrm{e}^{-\beta(\epsilon_k-\mu)}) \end{aligned} \tag{228}$$

と計算される．粒子数分布 $\langle n_k \rangle$ は，

$$\langle n_k \rangle = \frac{\sum n_k \mathrm{e}^{-\beta(E-\mu N)}}{\sum \mathrm{e}^{-\beta(E-\mu N)}}$$

$$= \frac{\partial}{\partial \epsilon_k} \Omega \tag{229}$$

により計算されるので,

$$\langle n_k \rangle = \frac{1}{e^{\beta(\epsilon_k - \mu)} + 1} \tag{230}$$

の粒子数分布が得られる.この粒子数分布をフェルミ分布(あるいは,フェルミ–ディラック分布)とよぶ.また,フェルミ粒子系のこのような統計的性質をフェルミ統計とよぶ.

3.2.2 フェルミ粒子系のエントロピー

エントロピーは,熱力学の関係式 (202) を用いて

$$S = k_{\rm B} \sum_k \log(1 + e^{-\beta(\epsilon_k - \mu)}) + \frac{1}{T} \sum_k \frac{\epsilon_k - \mu}{e^{\beta(\epsilon_k - \mu)} + 1} \tag{231}$$

と計算される.さらに計算を進めると

$$S = -k_{\rm B} \sum_k \left[\langle n_k \rangle \log \langle n_k \rangle + (1 - \langle n_k \rangle) \log(1 - \langle n_k \rangle) \right] \tag{232}$$

となることが導ける.

3.3 ボース統計

3.3.1 ボース分布

ボース粒子の場合も同様に計算を行うことができる.ボース粒子の場合には占有数に制限はなく,$n_k = 0, 1, 2, \cdots, \infty$ であるので,無限級数の計算を用いて

$$\begin{aligned} Z_{\rm G} &= \sum_{n_k} \prod_k e^{-\beta(\epsilon_k - \mu) n_k} \\ &= \prod_k \frac{1}{1 - e^{-\beta(\epsilon_k - \mu)}} \end{aligned} \tag{233}$$

となる.

熱力学ポテンシャル Ω は，

$$\Omega = \frac{1}{\beta} \sum_k \log(1 - \mathrm{e}^{-\beta(\epsilon_k - \mu)}) \tag{234}$$

粒子数分布 $\langle n_k \rangle$ は，

$$\langle n_k \rangle = \frac{1}{\mathrm{e}^{\beta(\epsilon_k - \mu)} - 1} \tag{235}$$

と計算される．この粒子数分布をボース分布（あるいは，ボース–アインシュタイン分布）とよぶ．ボース粒子系のこのような統計的性質をボース統計とよぶ．

3.3.2 ボース粒子系のエントロピー

エントロピーについてもフェルミ統計の場合と同様にして，

$$S = -k_\mathrm{B} \sum_k \Big[\langle n_k \rangle \log \langle n_k \rangle - (1 + \langle n_k \rangle) \log(1 + \langle n_k \rangle) \Big] \tag{236}$$

が導かれる．

3.4 古 典 統 計

3.4.1 ボルツマン統計

ここで，高温の極限の振る舞いを考える．高温では各粒子は高いエネルギーをもち，多くの量子状態に広く分布する．したがって，1 つの量子状態を占める平均の粒子数は小さくなる，すなわち，式 (230), (235) の分母が大きくなる．フェルミ粒子，ボース粒子のいずれの場合も

$$\langle n_k \rangle \sim \mathrm{e}^{-\beta(\epsilon_k - \mu)} \tag{237}$$

となり，式 (162), (194) に表されている古典的なマクスウェル–ボルツマン分布が再現される．古典的な粒子のこのような統計的性質をマクスウェル–ボルツマン統計，あるいはボルツマン統計とよぶ．ボルツマン統計がよい近似となる条件は，式 (230), (235) の分母が大きくなる条件，すなわち，

$$e^{\beta\mu} \ll 1 \tag{238}$$

となる.

3.4.2 状態密度

状態に関する和を計算する際に,1粒子エネルギーを変数として扱うのが便利である.エネルギーが ϵ から $\epsilon+d\epsilon$ のあいだにある状態の数を $D(\epsilon)d\epsilon$ とするとき,$D(\epsilon)$ を状態密度とよぶ.波数空間中で $k \sim k+dk$ の領域における可能な1粒子状態の数との関係から3次元理想気体の場合の状態密度が

$$D(\epsilon) = \frac{gV\sqrt{2}m^{3/2}}{2\pi^2\hbar^3}\sqrt{\epsilon} = 2\pi gV\left(\frac{2m}{h^2}\right)^{3/2}\sqrt{\epsilon} \tag{239}$$

と求められる.ここで,g は内部自由度に関する縮退がある場合の縮退度を表す.この状態密度 $D(\epsilon)$ を用いると,

$$f(\varepsilon_k) = \langle n_k \rangle \tag{240}$$

として式 (222), (223) の粒子数 N,全エネルギー E の式をそれぞれ

$$N = \int_0^\infty D(\epsilon)f(\epsilon)d\epsilon \tag{241}$$

$$E = \int_0^\infty \epsilon D(\epsilon)f(\epsilon)d\epsilon \tag{242}$$

と表すことができる.これは,$f(\epsilon)$ の分布によらない一般的な式である.

3.4.3 熱的ドブロイ波長

高温の極限では分布はボルツマン分布になり,式 (237) より

$$f(\epsilon_k) \sim e^{-\beta(\epsilon_k-\mu)} \tag{243}$$

と近似されるので,式 (241) を用いて,

$$e^{\beta\mu} = \frac{N}{gV}\left(\frac{h^2}{2\pi m k_B T}\right)^{3/2} \tag{244}$$

と高温における理想気体の化学ポテンシャルの式が得られる [演習問題 [1]]. なお, 式 (207) の結果と対応している.

また,
$$\lambda_T{}^2 = \frac{h^2}{2\pi m k_\mathrm{B} T} \tag{245}$$

により定義される λ_T を熱的ドブロイ波長とよぶ. 熱的ドブロイ波長は, 波動関数の広がりの大きさを与える. この λ_T を用いれば, ボルツマン統計がよい条件 (238) は,

$$\lambda_T \ll \left(\frac{V}{N}\right)^{1/3} \tag{246}$$

と書き直すことができる. すなわち, 熱的ドブロイ波長より粒子の平均間隔が十分に長いという条件になる.

3.5 理想フェルミ気体

3.5.1 理想フェルミ気体

相互作用のないフェルミ粒子からなる体系を理想フェルミ気体という. 理想フェルミ気体の例としては, K, Na などの 1 価金属中の電子があげられる. このような金属中の電子は, 結晶を組む金属イオンのつくる周期的結晶場や, 他の電子からのクーロン力を受け, 完全に自由な電子とはいえないが, 理想フェルミ気体として扱って種々の実験事実を説明する. 金属中の電子のこのような扱いを自由電子モデルという. 他の理想フェルミ気体の例としては, ヘリウム 3 (^{3}He) の原子があげられる. また, 中性子星を構成する中性子ガスも理想フェルミ気体の例と考えられる.

3.5.2 フェルミエネルギー

フェルミ分布関数
$$f(\epsilon) = \frac{1}{\mathrm{e}^{\beta(\epsilon-\mu)}+1} \tag{247}$$

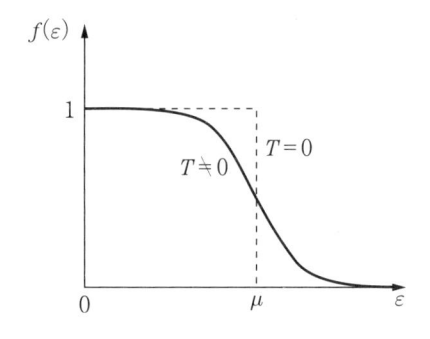

図 12　フェルミ分布関数

を ϵ の関数としてグラフに表すと図 12 のようになる．とくに $T=0$ の極限では，フェルミ分布関数は

$$f(\epsilon) = \begin{cases} 0 & \epsilon > \mu \\ 1 & \epsilon < \mu \end{cases} \tag{248}$$

となり，$\epsilon = \mu$ で不連続となり，階段関数となる．$T=0$ における化学ポテンシャル μ をフェルミエネルギーとよび，μ_0 または，ϵ_F と表す．理想気体の運動エネルギーは

$$\epsilon = \frac{\hbar^2 k^2}{2m} \tag{249}$$

であるので，波数空間でみると，ある波数 k_F が存在して，$k < k_F$ では $f(\epsilon_k) = 1$，$k > k_F$ では $f(\epsilon_k) = 0$ となるある波数 k_F が存在することになる．この波数 k_F をフェルミ波数とよぶ．すなわち，$\hbar^2 k_F^2 = 2m\epsilon_F$ の関係がある．また，さらに，波数空間で球内で粒子が詰り，その外で空になっている球面のことをフェルミ面とよぶ．フェルミ面という概念は理想気体にかぎらず，相互作用のあるフェルミ気体の場合に拡張することができるが，一般の場合にはフェルミ面は球面でなくなる．フェルミエネルギー，フェルミ面の存在は，フェルミ粒子におけるパウリ原理の帰結である．

式 (222) で与えられる粒子数 N に関する式により，等方的な波数空間における積分に直して，

3.5 理想フェルミ気体

$$N = \frac{gV}{2\pi^2} \int k^2 \mathrm{d}k\, f(\epsilon_k) = \frac{gV}{2\pi^2} \int_0^{k_\mathrm{F}} k^2 \mathrm{d}k$$
$$= \frac{gV}{2\pi^2} \frac{k_\mathrm{F}^3}{3} \tag{250}$$

と計算される．なお，g はスピン変数に関する縮退度で，電子などのスピン 1/2 の粒子のときは $g=2$ である．結局，フェルミ波数 k_F を数密度 $n=N/V$ の関数として

$$k_\mathrm{F} = \left(\frac{6\pi^2 n}{g}\right)^{1/3} \tag{251}$$

と表すことができることになる．

$$\hbar k_\mathrm{F} = m v_\mathrm{F} \tag{252}$$

により定められる速度 v_F をフェルミ速度とよぶ．また，フェルミ波数とフェルミエネルギーの関係は

$$\mu_0 = \frac{\hbar^2 k_\mathrm{F}^2}{2m} \tag{253}$$

であり，さらにフェルミ温度 T_F を

$$\mu_0 = k_\mathrm{B}\, T_\mathrm{F} \tag{254}$$

の関係により定める．

3.5.3 低温における展開

低温における熱力学量の振る舞いを調べるために，一般に $T \ll T_\mathrm{F}$ の場合に成り立つ展開公式

$$\int_0^\infty g(\epsilon) f(\epsilon) \mathrm{d}\epsilon = \int_0^\mu g(\epsilon) \mathrm{d}\epsilon + \frac{\pi^2}{6}(k_\mathrm{B} T)^2 \left(\frac{\mathrm{d}g}{\mathrm{d}\epsilon}\right)_\mu + O\left(\left(\frac{T}{T_\mathrm{F}}\right)^4\right) \tag{255}$$

を用いる．この公式は，なめらかな任意の関数 $g(\epsilon)$ に対して成立する．

この展開公式において $g(\epsilon) = D(\epsilon)$ とおくと，粒子数 N に関する式が展開でき，

$$N = \int_0^\mu D(\epsilon)\mathrm{d}\epsilon + \frac{\pi^2}{6}(k_\mathrm{B}T)^2 D'(\mu) \tag{256}$$

となる．ところが，$T=0$ では，
$$N = \int_0^{\mu_0} D(\epsilon)\mathrm{d}\epsilon \tag{257}$$
であるから，式 (256) と (257) の引き算より，
$$0 = \int_{\mu_0}^\mu D(\epsilon)\mathrm{d}\epsilon + \frac{\pi^2}{6}(k_\mathrm{B}T)^2 D'(\mu) \tag{258}$$
の関係が求まる．これから，
$$\mu = \mu_0 + O(T^2) \tag{259}$$
であることがわかるので，
$$(\mu - \mu_0)D(\mu_0) + \frac{\pi^2}{6}(k_\mathrm{B}T)^2 D'(\mu_0) = 0 + O(T^4) \tag{260}$$
と置いてよい．一方，$g(\epsilon) = \epsilon D(\epsilon)$ とおけば，エネルギー E に関する表式が展開でき，
$$E = E_0 + (\mu - \mu_0)\mu_0 D(\mu_0) + \frac{\pi^2}{6}(k_\mathrm{B}T)^2 \Bigl(\mu_0 D'(\mu_0) + D(\mu_0)\Bigr) \tag{261}$$
となる．式 (260) を用いると，部分的に打ち消しあい，全エネルギーの低温での展開式
$$E = E_0 + \frac{\pi^2}{6}(k_\mathrm{B}T)^2 D(\mu_0) \tag{262}$$
が求まる．なお，E_0 は $T=0$ における全エネルギーである．比熱は全エネルギーを温度で微分することにより，
$$C_V = \frac{\mathrm{d}E}{\mathrm{d}T} = \frac{\pi^2 k_\mathrm{B}^2 D(\mu_0)}{3}T \tag{263}$$
と計算される．低温における比熱は絶対温度に比例する．$C_V = \gamma T$ と書くと，比例係数 γ は

3.5 理想フェルミ気体

$$\gamma = \frac{\pi^2 k_B^2}{3} D(\mu_0)$$
$$= \frac{g k_B^2 m k_F V}{6\hbar^2} \qquad (264)$$

となり，この γ を電子比熱係数とよぶ．

$$D(\mu_0) = \frac{3N}{2\mu_0} \qquad (265)$$

であるから，

$$\gamma = \frac{\pi^2 N}{2\mu_0} k_B^2 \qquad (266)$$

とも表される．

また，化学ポテンシャル μ の温度変化を計算すると

$$(\mu - \mu_0) D(\mu_0) + \frac{\pi^2}{6}(k_B T)^2 D'(\mu_0) = 0 \qquad (267)$$

であるから，

$$\mu = \mu_0 - \frac{\pi^2}{6}(k_B T)^2 \frac{D'(\mu_0)}{D(\mu_0)}$$
$$= \mu_0 \left[1 - \frac{\pi^2}{12}\left(\frac{k_B T}{\mu_0}\right)^2\right] \qquad (268)$$

となる．ここで，式 (239) より導かれる関係式 $D'(\mu) = D(\mu)/2\mu$ を用いた．

3.5.4 フェルミ縮退

フェルミ気体の比熱が低温で T に比例することは，つぎのような考察から示すことができる．$T=0$ の付近で，状態密度 $D(\epsilon)$ とフェルミ分布関数 $f(\epsilon)$ を掛けたものを ϵ の関数として表したのが，図13である．階段関数からのずれは，幅 $k_B T$ 程度であるので，$T=0$ の場合と比較すると，$N \times k_B T/\mu_0$ 程度の粒子が，$k_B T$ 程度のエネルギーを余分に得る．したがって，全エネルギーの増加は T^2 に比例し，比熱が T に比例することが導かれる．フェルミ面より深い所にある量子状態の粒子は熱運動に寄与しないといえるので，エネルギー等分配則が成立しないことになる．低温におけるフェルミ統計に特徴的な量子効果を示すこのような現象をフェルミ

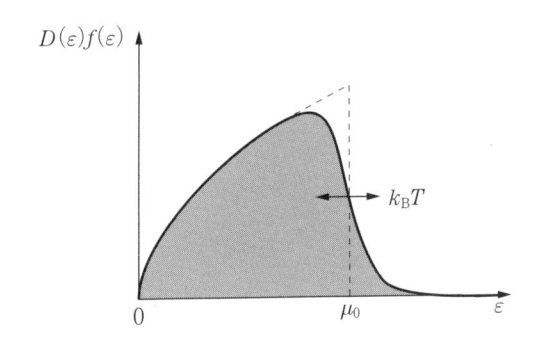

図 13 低温の電子比熱の概念図

縮退というが，これはパウリ原理に起因する．

式 (244) は，フェルミ温度 T_F を用いて

$$e^{\beta\mu} = \frac{4}{3\sqrt{\pi}}\left(\frac{T_F}{T}\right)^{3/2} \tag{269}$$

と書き直すことができる．ボルツマン統計がよい近似となる条件 (238) は，温度の条件に直すと，$T \gg T_F$ となる．反対に，$T \ll T_F$ では，フェルミ統計の効果が強くきくようになる．そこで，T_F のことを縮退温度ともいう．

3.6 理想ボース気体

3.6.1 理想ボース気体

相互作用のないボース粒子からなる体系を理想ボース気体という．ボース気体の例としては，ヘリウム 4 (^{4}He) があげられる．ヘリウム 4 の場合は，粒子間に強い相互作用がはたらき，理想ボース気体とはいえないが，ボース-アインシュタイン凝縮を示す物質として知られている．後述するように，1995 年に原子気体のボース-アインシュタイン凝縮が観測されるようになり，直接，理想ボーズ気体の理論と比較することができるようになった．

3.6.2 ボース–アインシュタイン凝縮

ボース分布関数

$$f(\epsilon) = \frac{1}{e^{\beta(\epsilon-\mu)} - 1} \tag{270}$$

の振る舞いを調べる．化学ポテンシャルが $\mu > 0$ とすると，$f(\epsilon) < 0$ となる ϵ が存在することになり，$f(\epsilon)$ が粒子数の分布関数であることと相いれない．したがって，

$$\mu \leq 0 \tag{271}$$

でなければならない．図 14 に，$\mu < 0$ および $\mu = 0$ のときのボース分布関数 $f(\epsilon)$ を示す．

粒子数 N に対する表式

$$N = \sum_k n_k \tag{272}$$

を考えると，$\mu \leq 0$ の条件があるために，β が大きい，すなわち，T が小さいと，式 (272) を満足する μ がみつからない．ボース粒子の場合，1 つの状態に収容できる粒子数に制限はないので，基底状態，すなわち，$k = 0$ の状態にマクロな数の粒子が存在する状態を考えることができる．そこで，式 (272) で $k = 0$ ($\epsilon = 0$) の項を別に n_0 と分けて

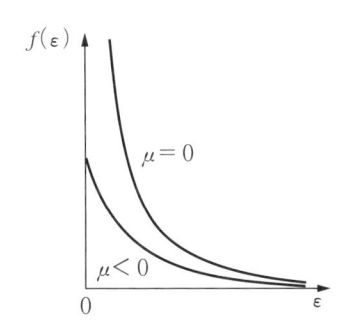

図 14 ボース分布関数

$$N = n_0 + \sum_{k \neq 0} n_k$$
$$= n_0 + 2\pi V \left(\frac{2m}{h^2}\right)^{3/2} \int_0^\infty \frac{\sqrt{\epsilon}}{\mathrm{e}^{\beta(\epsilon-\mu)} - 1} \mathrm{d}\epsilon \tag{273}$$

と書く．なお，スピン 0 の場合を念頭におき，スピン変数による縮退度は $g=1$ とする．積分で表される項では，$\epsilon = 0$ の項は状態密度が 0 となるために，2 重に数えることにはなっていない．$z = \mathrm{e}^{\beta\mu}$ を使って書き直すと，単位体積あたりの粒子数 N/V は

$$\frac{N}{V} = \frac{n_0}{V} + \left(\frac{2\pi m k_\mathrm{B} T}{h^2}\right)^{3/2} \cdot \frac{2}{\sqrt{\pi}} \int_0^\infty \frac{t^{1/2}}{\frac{1}{z}\mathrm{e}^t - 1} \mathrm{d}t \tag{274}$$

のように書き表される．ここで，

$$\phi_\sigma(z) = \frac{1}{\Gamma(\sigma)} \int_0^\infty \frac{t^{\sigma-1}}{\frac{1}{z}\mathrm{e}^t - 1} \mathrm{d}t \tag{275}$$

で定義されるアッペル関数 $\phi_\sigma(z)$ を用いれば，

$$\frac{N}{V} = \frac{n_0}{V} + \left(\frac{2\pi m k_\mathrm{B} T}{h^2}\right)^{3/2} \phi_{3/2}(z) \tag{276}$$

と書き直される．式 (275) で $\Gamma(\sigma)$ は式 (122) で定義されるガンマ関数である．なお，$\mu \leq 0$ であるので，$0 < z \leq 1$ である．アッペル関数を z に関して展開すると

$$\phi_\sigma(z) = \frac{1}{\Gamma(\sigma)} \int_0^\infty z\mathrm{e}^{-t} t^{\sigma-1} [1 + z\mathrm{e}^{-t} + \cdots] \, \mathrm{d}t$$
$$= \sum_{n=1}^\infty \frac{z^n}{n^\sigma} \tag{277}$$

となる．とくに $z = 1$ の場合には，

$$\phi_\sigma(1) = \sum_{n=1}^\infty \frac{1}{n^\sigma} = 1 + \frac{1}{2^\sigma} + \frac{1}{3^\sigma} + \cdots = \zeta(\sigma) \tag{278}$$

となる．ここで，

$$\zeta(\sigma) = \sum_{n=1}^\infty \frac{1}{n^\sigma} \tag{279}$$

は，リーマンの ζ 関数とよばれる関数である．したがって，$z=1$ におけ

3.6 理想ボース気体

るアッペル関数は ζ 関数で表される．

T が十分に大きいときには，$n_0 = 0$，正確には O(1) の量であるとしてよいので，

$$\frac{N}{V} = \left(\frac{2\pi k_{\mathrm{B}} mT}{h^2}\right)^{3/2} \phi_{3/2}(z) \tag{280}$$

の式により，z，したがって μ が求まる．ところが，T が次式を満足する T_{c} では $z = 1$ となる．

$$\begin{aligned}\frac{N}{V} &= \left(\frac{2\pi m k_{\mathrm{B}} T_{\mathrm{c}}}{h^2}\right)^{3/2} \phi_{3/2}(1) \\ &= \left(\frac{2\pi m k_{\mathrm{B}} T_{\mathrm{c}}}{h^2}\right)^{3/2} \zeta\left(\frac{3}{2}\right)\end{aligned} \tag{281}$$

$T < T_{\mathrm{c}}$ では，n_0 が O(N) の量となり，

$$\frac{N}{V} = \frac{n_0}{V} + \left(\frac{2\pi m k_{\mathrm{B}} T}{h^2}\right)^{3/2} \zeta\left(\frac{3}{2}\right) \tag{282}$$

より n_0 が求まる．ここで，式 (281) を (282) に代入することにより，

$$\frac{N}{V} = \frac{n_0}{V} + \frac{N}{V}\left(\frac{T}{T_{\mathrm{c}}}\right)^{3/2} \tag{283}$$

と式を変形することができ，n_0，すなわち，$k = 0$ の準位をしめる粒子の平均数の T 依存性が，

$$n_0 = N\left[1 - \left(\frac{T}{T_{\mathrm{c}}}\right)^{3/2}\right] \tag{284}$$

と計算される．図 15 に n_0 の温度依存性を示す．$T < T_{\mathrm{c}}$ の相は，$k = 0$ ($\epsilon = 0$) の状態に巨視的な数のボース粒子が存在することになり，この現象をボース–アインシュタイン凝縮 (BE 凝縮；BEC) あるいはボース凝縮とよぶ．一方，$T > T_{\mathrm{c}}$ の相は，ただ 1 つの状態に巨視的な数が入ることはない．$T = T_{\mathrm{c}}$ での相の移り変わりは，相転移である．

式 (281) から T_{c} の表式を整理すると，$\zeta\left(\dfrac{3}{2}\right) = 2.612\cdots$ であることから

$$T_{\mathrm{c}} = \frac{h^2}{2\pi m k_{\mathrm{B}}} \left(\frac{N}{\zeta(\frac{3}{2})V}\right)^{2/3}$$

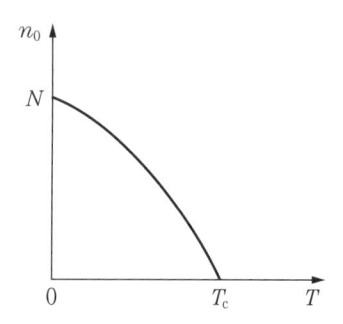

図 15 理想ボース気体の n_0 の温度依存性

$$= \left(\frac{h^2}{2\pi m k_B}\right)\left(\frac{\rho}{2.612}\right)^{2/3} \tag{285}$$

のように表される．ここで，$\rho = N/V$ は数密度である．熱的ドブロイ波長 (245) を用いて表すと，

$$\lambda_T^3 \cdot \rho \geq 2.612 \tag{286}$$

がボース–アインシュタイン凝縮が起こる条件となる．

3.6.3 比熱の振る舞い

全エネルギーの表式が

$$E = \frac{3}{2} V k_B T \left(\frac{2\pi m k_B T}{h^2}\right)^{3/2} \phi_{5/2}(z) \tag{287}$$

と与えられるので，これから比熱を計算できる．$T < T_c$ での計算は $z = 1$ ($\mu = 0$) を代入して，

$$\begin{aligned} E &= V \left(\frac{2\pi m k_B T}{h^2}\right)^{3/2} k_B T \cdot \frac{3}{2} \phi_{5/2}(1) \\ &= N k_B T \left(\frac{T}{T_c}\right)^{3/2} \frac{\frac{3}{2}\zeta\left(\frac{5}{2}\right)}{\zeta\left(\frac{3}{2}\right)} \end{aligned} \tag{288}$$

が得られるので，比熱および比熱の温度微分が

3.6 理想ボース気体

$$C_V = Nk_B \cdot \frac{15}{4} \frac{\zeta\left(\frac{5}{2}\right)}{\zeta\left(\frac{3}{2}\right)} \left(\frac{T}{T_c}\right)^{3/2} \tag{289}$$

$$\frac{dC_V}{dT} = Nk_B \cdot \frac{45}{8} \frac{\zeta\left(\frac{5}{2}\right)}{\zeta\left(\frac{3}{2}\right)} \frac{T^{1/2}}{T_c^{3/2}} \tag{290}$$

と計算される.なお,$\zeta\left(\frac{5}{2}\right) = 1.342\cdots$ である.

$T > T_c$ の計算には,z,すなわち μ の温度依存性の計算が必要となる.T_c の近傍 $(T > T_c)$ で

$$\beta\mu \simeq -\frac{9}{16\pi}\zeta^2\left(\frac{3}{2}\right)\left(\frac{T-T_c}{T_c}\right)^2 \tag{291}$$

となることを用いると,エネルギーが

$$\begin{aligned}E &\simeq E_0 + \frac{3}{2}N\mu \\ &\simeq E_0 - \frac{3}{2}Nk_BT \frac{9\zeta^2\left(\frac{3}{2}\right)}{16\pi}\left(\frac{T-T_c}{T_c}\right)^2\end{aligned} \tag{292}$$

となる.それから比熱,比熱の温度微分が求められる.とくに,T_c の直上では,

$$\left(\frac{\partial C_V}{\partial T}\right)_{T \to T_c+0} = \frac{Nk_B}{T_c}\left[\frac{45\zeta\left(\frac{5}{2}\right)}{8\zeta\left(\frac{3}{2}\right)} - \frac{27\zeta^2\left(\frac{3}{2}\right)}{16\pi}\right]$$

$$= -0.77\frac{Nk_B}{T_c} \tag{293}$$

という結果が得られ,一方,T_c の直下における値は,

$$\left(\frac{\partial C_V}{\partial T}\right)_{T \to T_c-0} = \frac{Nk_B}{T_c}\left[\frac{45\zeta\left(\frac{5}{2}\right)}{8\zeta\left(\frac{3}{2}\right)}\right] = 2.89\frac{Nk_B}{T_c} \tag{294}$$

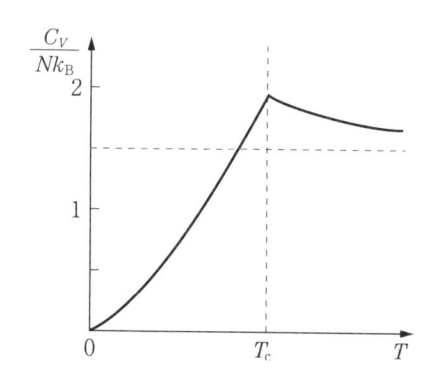

図 16 理想ボース気体の比熱

である.比熱の温度変化を図 16 に示すが,比熱は $T = T_\mathrm{c}$ でピーク値

$$\frac{15\zeta\left(\frac{5}{2}\right)}{4\zeta\left(\frac{3}{2}\right)} Nk_\mathrm{B} = 1.93\, Nk_\mathrm{B}$$

をとり,その温度微分は不連続となる.なお,比熱の温度微分の $T = T_\mathrm{c}$ の上下における差は

$$\left(\frac{\partial C_V}{\partial T}\right)_{T\to T_\mathrm{c}-0} - \left(\frac{\partial C_V}{\partial T}\right)_{T\to T_\mathrm{c}+0} = \frac{Nk_\mathrm{B}}{T_\mathrm{c}}\frac{27\zeta^2\left(\frac{3}{2}\right)}{16\pi}$$
$$= 3.66\frac{Nk_\mathrm{B}}{T_\mathrm{c}} \tag{295}$$

と計算される.このように比熱などの物理量が転移点の上下で連続的でない振る舞いを示すのは,相転移で一般的に現れることである.

3.6.4 ヘリウム 4 とラムダ転移

ボース気体の例としては,ヘリウム 4 (^{4}He) があげられるが,粒子間に強い相互作用がはたらき,理想ボース気体とはいえない.ヘリウム 4 は,1 気圧のときは約 4 K で液化し,さらに低温に下げると $T_\lambda = 2.17$ K 以下では超流動の性質を示す.ヘリウム 4 の比熱の温度曲線は,$T = T_\lambda$ で発

散的な振る舞いを示す．常流動相から超流動相への相転移が起こるが，比熱の温度曲線の形からラムダ転移とよばれる．

理想ボース気体とはいえないが，式 (285) にヘリウム 4 の原子数密度 $\rho = 10^6/27.6 \text{ mol} \cdot \text{m}^{-3}$ と質量 $m = 6.69 \times 10^{-27}$ kg を代入して，T_c の値を評価すると，$T_c = 3.11$ K となり，観測値 T_λ とかなり近い値を与える．この一致は偶然的な要素も多い．

3.6.5 原子気体のボース–アインシュタイン凝縮

液体ヘリウム 4 がボース–アインシュタイン凝縮を起こしているとはいえ，相互作用が大きく，直接的に理想気体のボース–アインシュタイン凝縮の理論と比較することはできなかった．原子気体でボース–アインシュタイン凝縮を観測しようとする試みは，長年の夢であったが，最近気体を冷却する技術が急速に進歩した．そして，ついに 1995 年に，ルビジウム (Rb) 原子，続いてナトリウム (Na) 原子でボース–アインシュタイン凝縮の観測に成功した．この功績により，2001 年のノーベル物理学賞がコーネル（E. A. Cornell），ケターレ（W. Ketterle），ワイマン（C. E. Wieman）の 3 氏に贈られたが，原子気体は理想ボース気体とみなせるので，直接理論と比較できる．

式 (286) のボース–アインシュタイン凝縮が起こる条件をみると，原子の数密度 ρ を上げ，温度を低くすればよいことがわかる．温度を低くするために，レーザー冷却の方法，さらに，磁気トラップなどの工夫が加えられて，原子のボース–アインシュタイン凝縮が実現した．ナトリウム (^{23}Na) の場合には 10^{20} m^{-3} を超す数密度を実現し，$T=2.0$ μK $= 2.0 \times 10^{-6}$ K という低温でボース–アインシュタイン凝縮が観測された．熱的ドブロイ波長 (245) を計算すると $\lambda_T = 0.26 \times 10^{-6}$m となるので，$\lambda_T^3 \cdot \rho = 2.6$ (286) の条件を満足する ρ は 1.5×10^{20} m^{-3} であり，理論と対応している．

図 17 に吸収撮像法という手法でルビジウム原子の BE 凝縮を観測した結果を示してある．右に向かうにつれ低温に対応し，最低エネルギーにある

図 17 吸収撮像法によるルビジウム原子の BE 凝縮の観測（久我隆弘氏提供）

原子数密度が急激に増加することを示している．

演 習 問 題

[1] 3次元理想気体について，高温において化学ポテンシャルが

$$\mathrm{e}^{\beta\mu} = \frac{N}{gV}\left(\frac{h^2}{2\pi m k_\mathrm{B} T}\right)^{3/2}$$

で与えられること (式 (244)) を示せ．熱的ドブロイ波長 λ_T (式 (245)) を用いれば，

$$\mathrm{e}^{\beta\mu} = \frac{N}{gV}\lambda_T^3$$

となる．

[2] 3次元理想気体について，統計性にかかわらず一般的に

$$pV = \frac{2}{3}E$$

の関係式が成立することを示せ．古典理想気体の場合には，ベルヌーイの関係として式 (96) に示してある．

[3] 3次元理想量子気体について，高温極限のボルツマン統計からの量子補正を考える．エネルギーの高温からの展開式が

$$E = \frac{3N k_\mathrm{B} T}{2}\left(1 \mp \frac{1}{2^{5/2}}\frac{N}{gV}\lambda_T^3\right)$$

となることを示せ．λ_T は式 (245) の熱的ドブロイ波長で，複号の順は，上がボース統計，下がフェルミ統計とする．

[4] 高温では 1 つの量子状態を占める平均の粒子数は小さくなり，式 (232), (236) より，ボルツマン統計におけるエントロピーの表式が

$$S = -k_\mathrm{B} \sum_k (f_k \log f_k - f_k)$$

となる．高温では，$f_k = \mathrm{e}^{-\beta(\epsilon_k - \mu)}$ としてよい．3 次元理想気体の場合に，状態密度 $D(\epsilon)$ (式 (239)) を用いてエントロピーを計算し，式 (138) と比較せよ．

[5] グランドカノニカルアンサンブルの方法を用いて，量子気体の粒子数分布を考える．粒子数のゆらぎに関して

$$\langle (n_k - \langle n_k \rangle)^2 \rangle = f_k (1 \pm f_k)$$

となることを示せ．ここで

$$f_k = \frac{1}{e^{\beta(\epsilon_k - \mu)} \mp 1}$$

であり，複号の順は，上がボース，下がフェルミ統計に対応する．高温では，粒子数のゆらぎはどうなるか．

[6] $T \ll T_\mathrm{F}$ の場合に成り立つフェルミ分布関数を含む積分の展開公式 (255) を導け．

[7] 状態密度が $D(\epsilon) \propto \epsilon^2$ で与えられる理想フェルミ気体について，化学ポテンシャルの低温における温度変化を求めよ．

4章
相互作用のある系の統計力学

　これまで取り扱ってきた系は，相互作用のない独立な粒子からなる系であった．系を構成する粒子のあいだに相互作用が存在し，それを無視できない場合には，統計力学の取扱いがむずかしくなる．一般的には厳密な解は得られず，それぞれの系に応じた近似的な手法が用いられる．一方，相転移をはじめとして，相互作用が物質系の多様な物性を創出しているのであり，相互作用のある系こそ，物理学の対象として面白いものである．ここでは，例として，不完全気体と相転移の統計力学をとりあげる．また，長い時空間スケールにおける相互作用がある系に対する統計力学として注目されているツァリス統計力学を紹介する．

4.1　不　完　全　気　体

　理想気体の扱いでは考慮していない分子間相互作用が実在気体では存在する．相互作用のある気体を不完全気体（あるいは，非理想気体）とよぶ．マクロな熱力学でファンデルワールス気体をとりあげたが，ここでは，ミクロな分子間相互作用から出発して，不完全気体を考察する．

4.1.1　古典気体の状態和
　ここで古典気体の状態和を計算しよう．粒子が区別できないことに起因する $1/N!$ の項を考慮して

$$Z = \frac{1}{h^{3N} N!} \int e^{-\beta \mathcal{H}} dp_1 \cdots dp_N dr_1 \cdots dr_N \tag{296}$$

となる．座標，運動量は3次元ベクトルであるが，単に r_j, p_j と記述する．ハミルトニアン $\mathcal{H}$ は，

$$\mathcal{H} = \sum_{i=1}^{N} \frac{p_i^2}{2m} + U(r_1, r_2, \cdots, r_N) \tag{297}$$

で与えられる．右辺第1項は運動エネルギー，第2項 U は相互作用ポテンシャルであり，$U = 0$ のとき，理想気体となる．

運動エネルギーの項は容易に積分ができ，

$$Z = \frac{(2\pi m k_B T)^{3N/2}}{h^{3N} N!} \int e^{-\beta U} dr_1 \cdots dr_N = \frac{1}{\lambda_T^{3N} N!} Q \tag{298}$$

となる．理想気体の項 ($Q = 1$ の場合) は，すでに式 (205) に示してあり，λ_T は熱的ドブロイ波長 (式 (245)) である．また，Q は

$$Q = \int e^{-\beta U} dr_1 \cdots dr_N \tag{299}$$

で定義され，配位状態和とよぶ．

以下，ポテンシャルとして，2体ポテンシャルだけを考える．すなわち，

$$U = \sum_{i<j} v_{ij} \tag{300}$$

である．平均を

$$\langle \cdots \rangle = \frac{1}{V^N} \int \cdots dr_1 \cdots dr_N \tag{301}$$

のように定義すると，

$$\frac{Q}{V^N} = \langle e^{-\beta \sum_{i<j} v_{ij}} \rangle \tag{302}$$

と表すことができる．なお，$\langle 1 \rangle = 1$ である．

$$W = \frac{1}{N} \log \frac{Q}{V^N} = \frac{1}{N} \log \langle e^{-\beta \sum_{i<j} v_{ij}} \rangle \tag{303}$$

により W を定義すると，W は β と数密度

$$\rho = N/V \tag{304}$$

4.1 不完全気体

の関数となることが示される．すると，自由エネルギーは

$$F = -k_\mathrm{B} T \log Z = N k_\mathrm{B} T \left(3 \log \lambda_T + \log N - 1 - \log V - W\right) \quad (305)$$

と計算される．ここで，N は大きいとしてスターリングの公式 (137) を用いた．圧力は

$$p = -\left(\frac{\partial F}{\partial V}\right)_{N,T} = N k_\mathrm{B} T \left(\frac{1}{V} + \frac{\partial W}{\partial V}\right) \quad (306)$$

となり，状態方程式が

$$\frac{pV}{N k_\mathrm{B} T} = 1 - \rho \frac{\partial W}{\partial \rho} \quad (307)$$

と求められる．右辺の第 2 項は理想気体からのずれを表す．

4.1.2　キュミュラント平均

W を数密度 ρ の関数として求めることができれば，状態方程式における理想気体からのずれを計算できる．そのために ρ に関する展開を考える．

一般に，確率変数 x の n 次のモーメント平均

$$\mu_n = \langle x^n \rangle \quad (308)$$

に対応して，n 次のキュミュラント平均

$$\lambda_n = \langle x^n \rangle_c \quad (309)$$

は

$$\log \langle \mathrm{e}^{\xi x} \rangle = \log \left(\sum_{n=0}^{\infty} \frac{\xi^n}{n!} \mu_n\right) = \sum_{n=1}^{\infty} \frac{\xi^n}{n!} \lambda_n \quad (310)$$

の関係で導かれる．すなわち，

$$\log \langle \mathrm{e}^{\xi x} \rangle = \langle \mathrm{e}^{\xi x} - 1 \rangle_c \quad (311)$$

であり，指数関数にある平均操作を行ったものの対数はキュミュラント平均で計算できることになる．具体的にキュミュラント平均をモーメント平均で表すと，

$$\langle x \rangle_c = \langle x \rangle, \quad \langle x^2 \rangle_c = \langle x^2 \rangle - \langle x \rangle^2, \quad \cdots \quad (312)$$

となる．キュムラント平均は多変数の場合に拡張することができる．

W は，キュムラント平均を用いて，

$$W = \frac{1}{N} \langle e^{-\beta \sum_{i<j} v_{ij}} - 1 \rangle_c \tag{313}$$

と表すことができる．右辺を計算するには，v_{ij} の高次のキュムラント平均を求める必要があるが，キュムラント平均には，展開をグラフで表した際につながったグラフからの寄与以外は 0 になるなどの性質があり，系統的に展開を実行することができる．

4.1.3 メイヤーの f 関数とビリアル展開

2 体ポテンシャルとして，

$$v(r) = 4\epsilon \left[\left(\frac{\sigma}{r}\right)^{12} - \left(\frac{\sigma}{r}\right)^{6} \right] \tag{314}$$

の形のレナード–ジョーンズポテンシャルがよく用いられる．Ne, Ar などの希ガスの場合に，現実によくあったポテンシャルとなっている．2 粒子間の距離 $r = |r_i - r_j|$ だけに依存している．$1/r^{12}$ 項は電子雲の重なりによる斥力項を，$1/r^6$ 項はファンデルワールス力による引力項を表している．レナード–ジョーンズポテンシャルを図 18 に示すが，$r_0 = 2^{1/6}\sigma$ で最小値

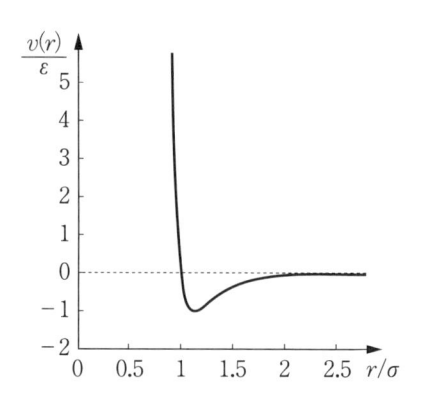

図 18　レナード–ジョーンズポテンシャル

4.1 不完全気体

$-\epsilon$ をとる.また,無限の斥力項のみをもつ剛体球ポテンシャル

$$v(r) = \begin{cases} 0 & (r > a) \\ \infty & (r < a) \end{cases} \tag{315}$$

も使われる.

このようなポテンシャルそのものは r が 0 に近づくと急に大きくなり,W の展開の際に発散の困難が生ずるが,メイヤー夫妻の導入した f 関数

$$f_{ij} = \mathrm{e}^{-\beta v_{ij}} - 1 \tag{316}$$

を用いれば,その困難が解消する.f 関数はすべての r に対して有限の値をとる.図 19 に,レナード–ジョーンズポテンシャルの場合の f 関数を示してある.

f 関数を用いると,W を

$$W = \sum_{k=1}^{\infty} \frac{\beta_k}{k+1} \rho^k \tag{317}$$

と展開することができる.導出は他書に譲ることとするが,β_k は

$$\beta_k = \frac{1}{k!} \int \sum \Pi_{k+1 \geq i > j \geq 1} f_{ij} \, dr_2 \cdots dr_{k+1} \tag{318}$$

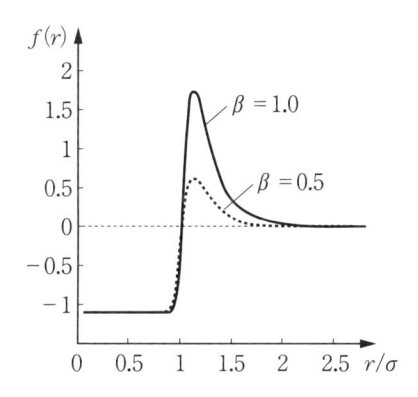

図 19 メイヤーの f 関数.レナード–ジョーンズポテンシャルで $\beta = 0.5$ と $\beta = 1.0$ の場合

で与えられる．例えば，
$$\beta_1 = \int f_{12}\, dr_2 \tag{319}$$
また，
$$\beta_2 = \frac{1}{2!}\int f_{12}f_{23}f_{31}\, dr_2 dr_3 \tag{320}$$
である．すると，式 (307) を用いて，状態方程式を
$$\frac{pV}{Nk_BT} = 1 - \sum_{k=1}^{\infty}\frac{k\beta_k}{k+1}\rho^k \tag{321}$$
と表すことができる．

実験式として状態方程式を密度により展開することは，オネスにより提唱されていた．状態方程式の展開
$$\frac{pV}{Nk_BT} = 1 + B_2\rho + B_3\rho^2 + \cdots \tag{322}$$
をビリアル展開とよび，その展開係数，$B_2, B_3, \cdots$ を第 2 ビリアル係数，第 3 ビリアル係数，$\cdots$ とよぶ．具体的に，
$$B_2 = -\frac{1}{2}\beta_1, \quad B_3 = -\frac{2}{3}\beta_2 \tag{323}$$
となり，ビリアル係数に対する理論式を与えることになる．分子間ポテンシャル v_{ij} を適当に仮定し，ビリアル係数の実験値と比較することにより，分子間ポテンシャルの妥当性を議論することができる．

なお，理想ボース気体，理想フェルミ気体を高温から展開すると，状態方程式に
$$\frac{pV}{Nk_BT} = 1 \mp \frac{1}{2^{5/2}g}\lambda_T^3 \tag{324}$$
のような量子補正が現れる [3 章の演習問題 [3]]．複号は，上がボース統計で下がフェルミ統計である．これは，量子統計性により，ビリアル係数に相当するものが現れたものである．高温では，分子の大きさ a と比べて，$\lambda_T < a$ であるので，分子間ポテンシャルによるビリアル係数に対して量子的なビリアル係数の効果は無視できる．λ_T が a 程度になるような低温になってくると，量子効果を考慮する必要が出てくる．

4.2 相転移の統計力学

鉄は通常の温度では強磁性体で磁石になるが，これを熱すると 1043K (770 ℃) の転移温度（キュリー点ともいう）で強磁性を失い常磁性となる．すなわち，高温では鉄は磁石にならない．このような相の変化を相転移とよぶが，ここでは，統計力学を用いて相転移を考察しよう．

4.2.1 イジングモデルと強磁性

強磁性–常磁性相転移を統計力学的に考える簡単なモデルとして，イジングモデルをとりあげる．結晶の各格子点に古典的なスピンが存在し，このスピンは上向きあるいは下向きを向くとする．最近接する格子点のスピン対には交換相互作用が働き，両者のスピンが平行のときスピン対は $-J$, 反平行のときスピン対は J のエネルギーをもつとする．$J > 0$ とする．

ハミルトニアンとして

$$\mathscr{H} = -J \sum_{\langle ij \rangle} \sigma_i \sigma_j - h \sum_i \sigma_i \tag{325}$$

を考える．変数 σ_i は ± 1 をとるとし，± 1 をスピンの上向き，下向きに対応させる．各格子点を添字 i, 相互作用の働く最近接格子点の対を $\langle ij \rangle$ で表す．また，右辺の第 2 項の h は外部磁場である．

4.2.2 平均場近似

このイジングモデルは，ハミルトニアンの右辺の第 1 項のスピン間の相互作用のために，特別な場合を除くと厳密には解けない．すなわち，状態和を書き下しても，計算を進めることができない．そこで，1 つのスピンに対する周囲のスピンの作用を平均的なものでおきかえる近似が考えられる．この近似理論を平均場近似，あるいは分子場近似とよぶ．ワイスが分子場近似という言葉をはじめて使った．

ここでは平均場近似の取扱いとして，ボゴリューボフ不等式

$$F \leq F_0 + \langle \mathscr{H} - \mathscr{H}_0 \rangle_0 \tag{326}$$

を用いて，近似的な自由エネルギーを求めることにする．$\mathscr{H}_0$ は近似的なハミルトニアンで $\langle \cdots \rangle_0$ はその近似的なハミルトニアンを用いた状態和に関する平均を意味する．すなわち，

$$\langle \cdots \rangle_0 = \frac{\sum \cdots \mathrm{e}^{-\beta \mathscr{H}_0}}{\sum \mathrm{e}^{-\beta \mathscr{H}_0}} \tag{327}$$

である．近似ハミルトニアンとして

$$\mathscr{H}_0 = -h' \sum_i \sigma_i \tag{328}$$

をとる．すなわち，独立なスピンに実効的な磁場 h' がかかった系で近似する．すると，

$$Z_0 = \sum_{\{\sigma_i\}} \mathrm{e}^{-\beta \mathscr{H}_0} = \sum_{\{\sigma_i\}} \mathrm{e}^{\beta h' \sum_i \sigma_i} = (2 \cosh \beta h')^N \tag{329}$$

と計算することができる．なお，h' は後に定めることとする．近似ハミルトニアンに対する自由エネルギー，スピンの平均値が，

$$\beta F_0 = -\log Z_0 = -N \log (2 \cosh \beta h') \tag{330}$$

$$\langle \sigma_i \rangle_0 = \tanh \beta h' \tag{331}$$

と計算されるので，ボゴリューボフ不等式は

$$\frac{\beta F}{N} \leq \Phi = -\log (2 \cosh \beta h')$$
$$- \frac{1}{2} \beta \hat{z} J (\tanh \beta h')^2 + \beta (h' - h) \tanh \beta h' \tag{332}$$

となる．ここで，$\hat{z}$ は最近接格子点の数である．例えば正方格子であれば，$\hat{z} = 4$ である．Φ を最小とするように h' を定めると

$$\frac{\partial \Phi}{\beta \partial h'} = -\tanh \beta h' - \beta \hat{z} J \frac{\tanh \beta h'}{(\cosh \beta h')^2}$$
$$+ \frac{\beta (h' - h)}{(\cosh \beta h')^2} + \tanh \beta h' = 0 \tag{333}$$

であるので,
$$h' = h + \hat{z}J\tanh\beta h' \tag{334}$$
が求まる. 式 (331) に代入して, 1 スピンあたりの磁化 m が
$$m = \tanh(\beta\hat{z}Jm + \beta h) \tag{335}$$
の式を満たさなければならないことがわかる. この式は m を決める式となっており, このような方程式を自己無撞着方程式 (self–consistent equation) とよぶ. また, 得られた m を用いると, 自由エネルギーが
$$\frac{\beta F}{N} = -\log[2\cosh(\beta\hat{z}Jm + \beta h)] + \frac{\beta\hat{z}J}{2}m^2 \tag{336}$$
となる.

外部磁場が 0, すなわち, $h = 0$ のときに自由エネルギー (336) の振る舞いを調べる. $\beta\hat{z}J$ の値により m 依存性が異なる. $\beta\hat{z}J = 0.5, 1.0, 1.5$ の場合に $F(m)$ を図 20 に示すが, $m = 0$ に 1 つの最小値のある曲線から, 2 つの最小値をもつ曲線に変化していくことがわかる.

x が小さいときの展開式
$$\log\cosh x = \frac{x^2}{2} - \frac{x^4}{12} + O\left(x^6\right) \tag{337}$$

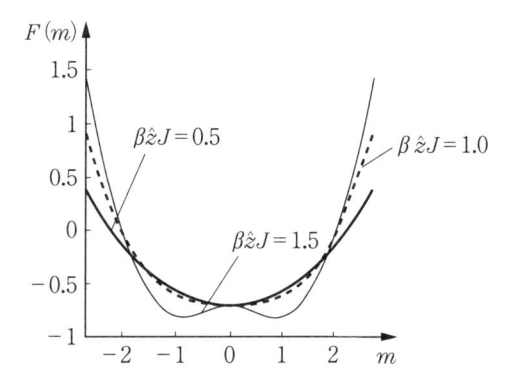

図 20 自由エネルギー $F(m)$ の振る舞い

を用いると，m, h を小さいとして，式 (336) は

$$\frac{\beta F}{N} \simeq -\log 2 + \frac{\beta \hat{z} J \left(1 - \beta \hat{z} J\right)}{2} m^2 + \frac{(\beta \hat{z} J)^4}{12} m^4 - \beta \hat{z} J m \beta h + \cdots \quad (338)$$

のように展開できる．ここで，

$$A = \frac{\beta \hat{z} J \left(1 - \beta \hat{z} J\right)}{2} \quad (339)$$

とおくと，

$$\begin{cases} A > 0 \longleftrightarrow T > \frac{\hat{z} J}{k_\mathrm{B}} \\ A < 0 \longleftrightarrow T < \frac{\hat{z} J}{k_\mathrm{B}} \end{cases} \quad (340)$$

となる．$h = 0$ のとき，自由エネルギーの振る舞いが変化する点は，$A = 0$, すなわち，

$$T_\mathrm{c} = \frac{\hat{z} J}{k_\mathrm{B}} \quad (341)$$

となる．$A > 0$, すなわち, $T > T_\mathrm{c}$ の場合には F は $m = 0$ に最小値をもち，常磁性状態に対応する．一方，$A < 0$, すなわち, $T < T_\mathrm{c}$ の場合には F は有限の m の値に 2 つの最小値をもつ．これは強磁性状態である．m の値は，式 (335) で $h = 0$ とおいた

$$m = \tanh(\beta \hat{z} J m) \quad (342)$$

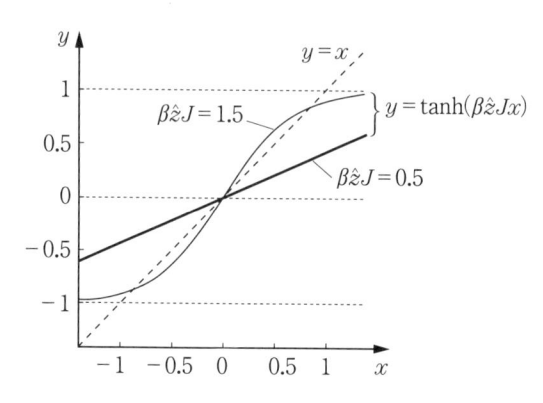

図 **21** m に対する自己無撞着方程式の解

4.2 相転移の統計力学

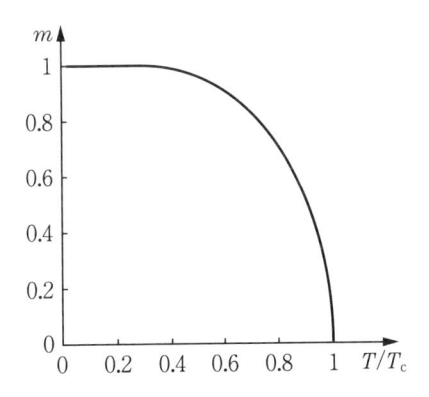

図 22 イジングモデルの自発磁化の温度曲線

から求めることができる．グラフにより方程式 (342) の解 m を求める手順を図 21 に示してある．このようにして求めた $m\,(>0)$ を温度 T の関数としてプロットしたものが図 22 である．外部磁場をかけなくても磁化が生じるので，この磁化のことを自発磁化とよぶ．

4.2.3 臨界現象

T_c の近傍における物理量の振る舞いを調べてみよう．この議論のためには，m, h を小さいとして，式 (338) を出発点にすれば十分である．

$$\Phi(m) = \Phi_0 + Am^2 + Bm^4 - Chm \tag{343}$$

であるが，$A = at$ とおく．ここで $t = (T - T_c)/T_c$ である．すると，m を決めるべき方程式は

$$\frac{\partial \Phi(m)}{\partial m} = 2atm + 4Bm^3 - Ch = 0 \tag{344}$$

となる．書き換えると

$$\frac{Ch}{m^3} = 4B + \frac{2at}{m^2} \tag{345}$$

が得られる．

ここで，$h = 0$ とすれば，

$$\begin{cases} m = 0, & t > 0 \\ m = \pm\sqrt{\frac{a}{2B}(-t)}, & t < 0 \end{cases} \quad (346)$$

と解が求まり，転移温度以下で自発磁化が

$$m \propto (-t)^{1/2} \quad (347)$$

で立ち上がることがわかる．$t = 0$ で磁場をかけると，磁化はかける磁場に比例せず，

$$m \propto Ch^{1/3} \quad (348)$$

の依存性をもつことになるが，転移温度における磁化を臨界磁化とよぶ．磁場に対する磁化の応答，すなわち磁化率

$$\chi = \frac{\partial m}{\partial h} \quad (349)$$

を計算すると，

$$\begin{cases} \chi = \frac{C}{2at}, & t > 0 \\ \chi = \frac{C}{4a(-t)}, & t < 0 \end{cases} \quad (350)$$

となる．したがって，磁化率は $|T - T_c|^{-1}$ の形で発散することがわかる．

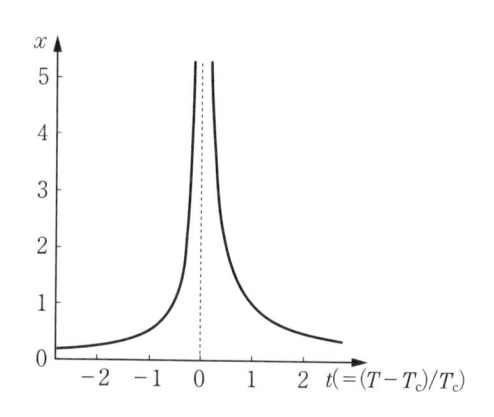

図 23 イジングモデルの磁化率の発散
縦軸は c/a を単位にプロットしてある．

4.2 相転移の統計力学

磁化率の発散の振る舞いを図 23 に示す．磁化率が転移温度で発散するのは，転移温度の近くでゆらぎが大きくなり，わずかの磁場に対し，磁化を生じようとするからである．転移温度では，わずかのゆらぎが遠くまで伝わる．ゆらぎの到達距離を相関距離とよぶが，転移温度では相関距離も発散する．このように，転移温度の近くでは，いろいろな物理量に特異な振る舞いが生ずるが，このような転移温度近傍で示す特異な振る舞いを臨界現象とよぶ．ゆらぎが大きくなることが臨界現象において重要である．

一般的に，自発磁化，磁化率が，$t = 0$ $(T = T_c)$ の近傍で

$$自発磁化 \quad m \propto (-t)^\beta \tag{351}$$

$$磁化率 \quad \chi \propto |t|^{-\gamma} \tag{352}$$

のようなべき的依存性を示すとき，β, γ のような指数を臨界指数とよぶ．平均場近似では，式 (347), (350) から，$\beta = 1/2$, $\gamma = 1$ となる．臨界磁化について

$$m \sim h^{1/\delta} \tag{353}$$

により臨界指数 δ を定義するので，式 (349) より，平均場近似では $\delta = 3$ となる．

いま求めた臨界指数は，平均場近似による値で，実際の値と異なる．2次元格子のイジングモデルについては，オンサーガー，ヤンにより厳密な解が得られているが，$\beta = 1/8$, $\gamma = 7/4$, $\delta = 15$ である．

4.2.4 スケーリング理論とくりこみ群理論

式 (345) は，温度 t と磁場 h と磁化 m の関係を与える，磁性体の状態方程式となっている．これを臨界指数 β, δ を用いて，

$$\frac{h}{m^\delta} = f\left(\frac{t}{m^{1/\beta}}\right) \tag{354}$$

のように書き換えることができる．t, h, m の 3 変数の間の関係式が，変数の組み合わせで得られる 2 変数の間の関係式で表されている．このような

関係式（同次式）が一般の場合に成り立つと仮定するのがスケーリング仮説である．状態方程式が，スケールされた2変数，h/m^δ と $t/m^{1/\beta}$，のあいだの関係式で表されると仮定するのである．変数のあいだに拘束条件を課すことになる．

すると，臨界指数は独立ではなく，

$$\gamma = \beta(\delta - 1) \tag{355}$$

のような関係式が成り立つことになり，臨界指数に関するスケーリング則とよぶ．2次元イジングモデルの場合は $\beta = 1/8$，$\gamma = 7/4$，$\delta = 15$ であるので，確かにスケーリング則を満足している．厳密に解ける場合はもちろんのこと，数値的に研究されているモデル，現実物質の実験データなど，広くスケーリング則が満たされている．

このようなスケーリング仮説に基づくスケーリング理論を基礎付けるものとしてくりこみ群理論がある．図24に示すように，近接するスピンを代表的なスピンに（ブロックスピン）に置き換え，元の相互作用がブロックスピン間の相互作用に変換されるとして，その変換則を調べるのがカダノフのブロックスピンの考え方である．スケーリング理論と関連付け，さらに系統的な展開を行い，臨界指数を計算する手順を与えたのがウィルソン–フィッシャーのくりこみ群理論である．くりこみ群理論は臨界現象を研究する基礎理論として，広く用いられている．

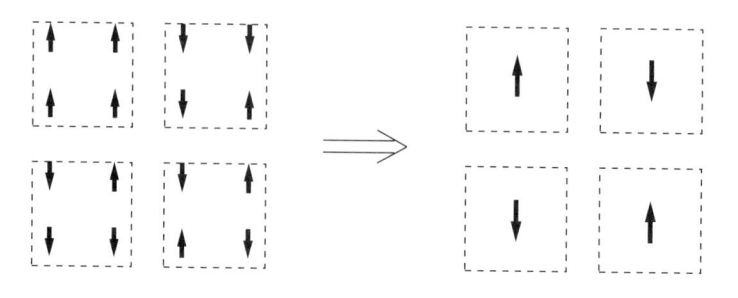

図 24 ブロックスピン変換

4.3 ツァリス統計

ボルツマン–ギブスにより体系化された統計力学は，系の相互作用が短距離力であること，記憶効果が無視できることを前提としていた．フラクタル・カオス・ネットワーク科学などの分野では，べき分布が普遍的に観測されるが，長距離相関・長時間記憶など，長い時空間スケールにおける相互作用が特徴的である．そのような系の統計力学を模索するために，ツァリスは1988年に，新しい統計力学の枠組を提案した．

4.3.1 ツァリスエントロピー

ツァリスの統計力学では，拡張されたエントロピー

$$S_q = \frac{1 - \sum_j p_j^q}{q-1} \quad (q > 0) \tag{356}$$

が導入され，ツァリスエントロピーといわれる．なお，簡単のためにボルツマン定数が1という単位を用いる．ツァリスエントロピー (356) は，$q \to 1$ で，ボルツマン–シャノンエントロピー (169)

$$S_1 = -\sum_j p_j \log p_j \tag{357}$$

に一致する．ツァリスエントロピーでは，独立な系 A, B に対して，

$$S_q(\mathrm{A,B}) = S_q(\mathrm{A}) + S_q(\mathrm{B}) + (1-q)S_q(\mathrm{A})S_q(\mathrm{B}) \tag{358}$$

が成り立つ．すなわち，ツァリスエントロピーは非加法的である．$q = 1$ のときは，加法的になる (式 (129))．

ツァリス統計力学は，非加法的なエントロピーに基づく最大エントロピー原理によって定式化される．

4.3.2　q–指数関数，q–対数関数，q–積

ツァリス統計力学の数学的基礎付けにおいて，べき関数を指数関数と対比的に扱う，一般化された指数関数が導入される．q–指数関数といわれる一般化指数関数 $\exp_q(x)$ は

$$\exp_q(x) = [1 + (1-q)x]_+^{\frac{1}{1-q}} \tag{359}$$

により定義される．ここで，$[a]_+ = \max[a, 0]$ を意味する．q–対数関数といわれる一般化対数関数は，

$$\log_q(x) = \frac{x^{1-q} - 1}{1 - q} \tag{360}$$

により定義されるが，q–指数関数の逆関数となっている．

さらに，q–指数関数あるいは q–対数関数に対して通常の指数法則と同じ法則が成り立つような，新しい積 (q–積) を導入することが便利であることが最近示された．すなわち，q–積 $\otimes_q$ を

$$x \otimes_q y = [x^{1-q} + y^{1-q} - 1]_+^{\frac{1}{1-q}} \tag{361}$$

により定義すると，

$$\exp_q(x) \otimes_q \exp_q(y) = \exp_q(x + y) \tag{362}$$

$$\log_q(x \otimes_q y) = \log_q(x) + \log_q(y) \tag{363}$$

の関係を満たすことができる．

以上のような数学的準備に基づき，ツァリス統計力学の定式化が進んでいる．

4.3.3　ツァリス統計力学の応用

ツァリス統計力学は非常に多くの系へ応用が試みられている．長い時空間スケールにおける相互作用のある系として，星の形成の議論に関連する自己重力系，Lévy 型ランダムウォーク，乱流系などがその例である．量子確率論における「独立性」の概念には多様性があり，それと関連して量子

エンタングルメントの問題へのツァリス統計力学の応用が議論されている．また，最適化問題についても，シミュレーティッドアニーリング法で用いられる受容確率として，通常のボルツマン因子をツァリス因子で置き換えることが提唱されている．この手法は，巡回セールスマン問題やタンパク質フォールディングの問題に応用されてきた．

一方，ツァリス統計力学については進展と同時に批判もある．なぜ，ツァリスエントロピーを使わなければいけないのか，それぞれの系でパラメータ q はどのように決まるのか，などの批判であり，依然，議論が続いている．

演 習 問 題

[1] 直径が a の剛体球からなる系の第 2 ビリアル係数 B_2 を求めよ．

[2] ファンデルワールス気体の第 2 ビリアル係数 B_2，第 3 ビリアル係数 B_3 を求めよ．

[3] 1 次元イジングモデル

$$\mathscr{H} = -J\sum_{i=1}^{N}\sigma_i\sigma_{i+1} - h\sum_{i=1}^{N}\sigma_i, \quad \sigma = \pm 1$$

を考える．周期的境界条件 $\sigma_{N+1} = \sigma_1$ をとることにする．

(1) N 粒子系の状態和が

$$Z_N = \mathrm{Tr}\, T^N$$

で表されることを示せ．ただし，T は転送行列で

$$T = \begin{pmatrix} e^{\beta(J+h)} & e^{-\beta J} \\ e^{-\beta J} & e^{\beta(J-h)} \end{pmatrix}$$

で与えられる．

(2) $N \to \infty$ のときの 1 スピンあたりの自由エネルギーを求めよ．

(3) ゼロ磁場 ($h=0$) のときの，1 スピンあたりのエネルギーと比熱の温度依存性を求めよ ($N \to \infty$)．

(4) 1 スピンあたりの磁化を求めよ ($N \to \infty$)．

[4] 磁性体の状態方程式のスケーリング形 (354) を仮定して，臨界指数のあいだに成り立つスケーリング則 (355) を導け．

[5] $q = 1/2$, および $q = 3/2$ の場合に，q–指数関数，q–対数関数をグラフで示せ．

[6] q–積 (361)，q–指数関数 (359)，q–対数関数 (360) の定義を用いて，指数法則 (362), (363) を示せ．

5章
非 平 衡 系

　これまで,平衡系の熱力学,統計力学を展開してきた.体系が非平衡という場合にはいろいろな段階がある.ここでは平衡からわずかにずれた非平衡状態あるいは平衡への緩和について議論する.

5.1 ブラウン運動

5.1.1 ブラウン運動
　1827年に植物学者ブラウン(R. Brown)は,水中にうかぶ花粉から出てくる小さな粒子を顕微鏡で観測すると,ジグザグ運動をするのを観察した(図25).この運動をブラウン運動とよぶ.花粉の中から出てきた微粒子がさながら生き物のように動くので,初めブラウンは生命に特有の現象と考えたが,十分微細にされた無機物質の粒子も同様の現象を示すことを観測した.その後いろいろの説が唱えられたが,次第に熱運動との関連が主張されるようになり,1905年にアインシュタインが一般的な理論的考察から,ブラウン運動が水分子の熱運動の結果として得られることを示した.

5.1.2 ランジュバン方程式
　質量が M の微粒子の運動を考えるが,取扱いを簡単にするために運動を1次元にかぎるとしよう.運動方程式は

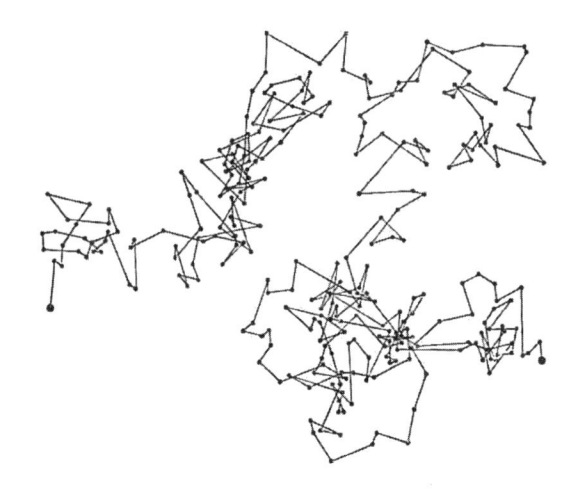

図 25 ブラウン運動（ジャン・ペラン（著），玉蟲文一（訳）「原子」岩波文庫より）

$$M\frac{dv}{dt} = K(t) \tag{364}$$

となるが，ここで力 $K(t)$ として

$$K(t) = -M\gamma v + MR(t) \tag{365}$$

を考える．右辺の第 1 項は，液体の粘性に基づく抵抗力で，半径 a の球形の粒子の場合は，液体の粘性を η として，$M\gamma = 6\pi\eta a$ で与えられる（ストークスの法則）．第 2 項は，微粒子が液体分子の衝突によって受けるランダムな力である．$R(t)$ は時間 t のみの関数として，時間的な変化は確率的に起こると考える．時間平均は 0 である．これを

$$\overline{R(t)} = 0 \tag{366}$$

と表す．

式 (365) を (364) に代入すると

$$\frac{dv}{dt} = -\gamma v + R(t) \tag{367}$$

5.1 ブラウン運動

となるが，この運動方程式をランジュバン方程式とよぶ．

式 (367) を解くと，$t=0$ における v を v_0 として，

$$v(t) = v_0 \mathrm{e}^{-\gamma t} + \int_0^t \mathrm{e}^{-\gamma(t-t')} R(t') \,\mathrm{d}t' \tag{368}$$

が導かれる．

さらに，$v(t) = \mathrm{d}x(t)/\mathrm{d}t$ であるから，さらに積分して

$$x(t) = x_0 + \frac{v_0}{\gamma}(1 - \mathrm{e}^{-\gamma t}) + \frac{1}{\gamma}\int_0^t (1 - \mathrm{e}^{-\gamma(t-t')}) R(t') \,\mathrm{d}t' \tag{369}$$

が得られる．

5.1.3 アインシュタインの関係

異なる時間 t_1 と t_2 におけるランダムな力 $R(t_1)$ と $R(t_2)$ は相関がないが，$t_1 = t_2$ では相関があるので，それをディラックのデルタ関数を用いて

$$\overline{R(t_1)R(t_2)} = A\delta(t_1 - t_2) \tag{370}$$

と表されるとする．ブラウン粒子が液体分子とエネルギーを交換し合って熱平衡にあるとすると，時間平均を粒子の運動に関するアンサンブル平均と考えることができる．これは，エルゴード仮定である．

こうして，式 (366) と (370) はそれぞれ

$$\langle R(t) \rangle = 0 \tag{371}$$

$$\langle R(t_1)R(t_2) \rangle = A\delta(t_1 - t_2) \tag{372}$$

となる．

これらを用いて，式 (368) と (369) の平均をとると，

$$\langle v(t) \rangle = v_0 \mathrm{e}^{-\gamma t} \tag{373}$$

$$\langle x(t) \rangle = x_0 + \frac{v_0}{\gamma}(1 - \mathrm{e}^{-\gamma t}) \tag{374}$$

が得られる．また，分散については，式 (372) を用いると

$$\langle (v(t) - \langle v(t) \rangle)^2 \rangle = \frac{A}{2\gamma}(1 - \mathrm{e}^{-2\gamma t}) \tag{375}$$

$$\langle (x(t)-\langle x(t)\rangle)^2\rangle = \frac{A}{\gamma^2}\left[t-\frac{2}{\gamma}(1-\mathrm{e}^{-\gamma t})+\frac{1}{2\gamma}(1-\mathrm{e}^{-2\gamma t})\right] \quad (376)$$

となる．

十分に時間がたった後を考えるため，$t\to\infty$ とすると，式 (375) と (376) はそれぞれ

$$\langle v(t)^2\rangle = \frac{A}{2\gamma} \quad (377)$$

$$\langle (x(t)-x_0-\frac{v_0}{\gamma})^2\rangle = \frac{A}{\gamma^2}t \quad (378)$$

となる．ブラウン粒子に対してエネルギー等分配則が成り立つとすると，

$$\frac{1}{2}M\langle v^2\rangle = \frac{1}{2}k_\mathrm{B}T \quad (379)$$

となるので，式 (372) の A が温度と関連づけられる．すなわち，

$$A = 2\gamma\frac{k_\mathrm{B}T}{M} \quad (380)$$

となる．$v_0=0$ とすると

$$\langle (x(t)-x_0)^2\rangle = \frac{2k_\mathrm{B}T}{M\gamma}t \quad (381)$$

が得られる．

この関係をアインシュタインの関係とよぶ．右辺の分母分子にアボガドロ数 N_A をかけると，

$$\langle (x(t)-x_0)^2\rangle = \frac{2RT}{N_\mathrm{A}M\gamma}t \quad (382)$$

となるが，この式をアボガドロ数を決める式とみなすことができる．実際にペランが1908年にブラウン運動の実測からアボガドロ数を見積もり，他の方法によって得られる値とほぼ一致する値を得た．このことが，分子の実在をさらに確固たるものとした．

5.2 線形応答

5.2.1 輸送係数

体系に外場をかけるとする．その外場が小さいときには，外場に共役な物理量は外場に比例して，すなわち線形に変化すると考えられる．電位差をかけたときに流れる電流の比例係数が電気伝導度であるが，電流が流れている状態は平衡状態ではない．電気伝導度のような非平衡状態における流れと力のあいだの比例関係を表現する量を輸送係数という．ここで外力に対する応答から，体系の輸送係数などを導き出すことを考える．この問題は量子論的に扱ったほうが見通しがよいので，量子論的に話を進める．

5.2.2 フォンノイマンの方程式

ある体系が無限の過去，すなわち $t = -\infty$ では熱平衡状態にあるとする．この熱平衡系のハミルトニアンを $\mathscr{H}_0$ と表し，それに外から時間に依存する摂動 $\mathscr{H}'(t)$ で表される外場をかける．全系のハミルトニアンは

$$\mathscr{H} = \mathscr{H}_0 + \mathscr{H}'(t) \tag{383}$$

となる．体系の量子力学的状態を密度行列 $\rho(t)$ で記述することにすると，その時間変化は，フォンノイマンの方程式

$$i\hbar \frac{\partial \rho(t)}{\partial t} = [\mathscr{H}(t), \rho(t)] \tag{384}$$

で与えられる．ここで $[A, B] = AB - BA$ は交換子である．ハミルトニアンが式 (383) で与えられるとき，密度行列も対応して

$$\rho(t) = \rho_0 + \rho'(t) \tag{385}$$

と表される．ここで，ρ_0 は熱平衡状態の密度行列であるが，カノニカルアンサンブルでは，

$$\rho_0 = \frac{\mathrm{e}^{-\beta \mathscr{H}_0}}{\mathrm{Tr}\, \mathrm{e}^{-\beta \mathscr{H}_0}} \tag{386}$$

で与えられる．Tr A は A のトレースである．

式 (384) を $\mathscr{H}'(t)$ に関して 1 次までの近似で解くと，

$$\rho'(t) = -\frac{i}{\hbar}\int_{-\infty}^{t} dt'\, e^{-i\mathscr{H}_0(t-t')/\hbar} \times [\mathscr{H}'(t'), \rho_0] e^{i\mathscr{H}_0(t-t')/\hbar} \tag{387}$$

と求められる．

5.2.3 久保公式

ここで，ある物理量 B の平均値を計算する．熱平衡での平均値は 0，すなわち，$\mathrm{Tr}(\rho_0 B) = 0$ とすると，

$$\langle B \rangle_t = \mathrm{Tr}(\rho B) = \mathrm{Tr}(\rho' B) \tag{388}$$

である．とくに，摂動項が

$$\mathscr{H}'(t) = -A e^{-i\omega t} \tag{389}$$

のような時間依存性をもつ場合に，物理量 B の時間変化を考える．式 (387)，(389) を式 (388) に代入すると，

$$\langle B \rangle_t = \mathrm{Tr}\,\frac{i}{\hbar}\int_{-\infty}^{t} dt'\, e^{-i\mathscr{H}_0(t-t')/\hbar} \times [A, \rho_0] e^{i\mathscr{H}_0(t-t')/\hbar} B e^{-i\omega t'} \tag{390}$$

が得られるが，$\langle B \rangle_t$ も式 (389) と同じ時間依存性をもつので，

$$\langle B \rangle_t = B(\omega) e^{-i\omega t} \tag{391}$$

とおく．式 (390) で $t - t' = \tau$ と変数変換すると，$B(\omega)$ は

$$B(\omega) = \frac{i}{\hbar}\int_0^{\infty} d\tau\, e^{i\omega\tau} \mathrm{Tr}\left(e^{-i\mathscr{H}_0\tau/\hbar} \times [A, \rho_0] e^{i\mathscr{H}_0\tau/\hbar} B\right) \tag{392}$$

となる．これは，物理量 A による B の応答であるから，

$$\chi_{BA}(\omega) = B(\omega) \tag{393}$$

と書かれる．このように外場に対する線形の応答を扱う理論が線形応答理論であり，式 (392) の形の公式を総称して久保公式とよぶ．

5.2.4 電気伝導度の計算

線形応答の応用例として電気伝導度を考える．電荷 e をもつ粒子の集団に外から電場 $\boldsymbol{E}\mathrm{e}^{-i\omega t}$ をかけるとき，摂動項 $\mathscr{H}'(t)$ は

$$\mathscr{H}'(t) = -\sum_i e\,(\boldsymbol{r}_i \cdot \boldsymbol{E})\mathrm{e}^{-i\omega t} \tag{394}$$

で与えられる．ここで，$\boldsymbol{r}_i$ は i 番目の粒子の位置ベクトルである．すなわち，式 (389) の A は

$$A = \sum_i e\,(\boldsymbol{r}_i \cdot \boldsymbol{E}) \tag{395}$$

である．物理量 B として電流密度

$$\boldsymbol{j} = \frac{e}{V}\sum_i \frac{\boldsymbol{p}_i}{m} \tag{396}$$

を考える．ここで $\boldsymbol{p}_i$ は i 番目の粒子の運動量ベクトルである．電流密度 $\boldsymbol{j}$ の時間変化を

$$\langle \boldsymbol{j}\rangle_t = \boldsymbol{j}(\omega)\mathrm{e}^{i\omega t} \tag{397}$$

と書くと，$\boldsymbol{j}(\omega)$ の μ 方向の成分 $j_\mu(\omega)\,(\mu = x, y, z)$ は，

$$j_\mu(\omega) = \sum_\nu \sigma_{\mu\nu}(\omega) E_\mu \tag{398}$$

と表すことができる．ここで，$\sigma_{\mu\nu}$ は電気伝導度テンソルで，式 (395), (396) を式 (392) に代入することにより，

$$\sigma_{\mu\nu}(\omega) = \frac{ie^2}{\hbar V m}\int_0^\infty \mathrm{d}\tau\,\mathrm{e}^{i\omega\tau}\sum_{ij}\mathrm{Tr}\Big(\mathrm{e}^{-i\mathscr{H}_0\tau/\hbar}\times[r_{i\nu},\rho_0]\mathrm{e}^{i\mathscr{H}_0\tau/\hbar}p_{j\mu}\Big) \tag{399}$$

と求められる．

ρ_0 としてカノニカル分布 [式 (386)] をとると，公式

$$[A, \mathrm{e}^{-\beta\mathscr{H}_0}] = \mathrm{e}^{-\beta\mathscr{H}_0}\int_0^\beta \mathrm{e}^{\lambda\mathscr{H}_0}[\mathscr{H}_0, A]\mathrm{e}^{-\lambda\mathscr{H}_0}\,\mathrm{d}\lambda \tag{400}$$

とハイゼンベルクの運動方程式

$$\dot{A} = \frac{i}{\hbar}[\mathscr{H}_0, A] \tag{401}$$

を用いて，式 (399) は

$$\sigma_{\mu\nu}(\omega) = \frac{1}{V}\int_0^\infty dt \int_0^\beta d\lambda \langle J_\mu(-i\hbar\lambda) J_\mu(t)\rangle e^{i\omega t} \tag{402}$$

と書き表すことができる．ここで，電流を表す演算子

$$J_\mu = \sum_i \dot{r}_{i\mu} e = \sum_i \frac{p_{i\mu}}{m} e \tag{403}$$

とそのハイゼンベルク表示

$$J_\mu(t) = e^{i\mathscr{H}_0 t/\hbar} J_\mu e^{-i\mathscr{H}_0 t/\hbar} \tag{404}$$

を用いた．また，$\langle\cdots\rangle$ は熱平衡状態に対する平均値

$$\langle\cdots\rangle = \frac{\mathrm{Tr}(e^{-\beta\mathscr{H}_0}\cdots)}{Z} \tag{405}$$

を意味する．式 (402) は，輸送係数がゆらぎで書けることを示している．

5.2.5 応答関数，緩和関数，複素感受率

一般的に，外場 $\mathscr{H}' = -AF(t)$ をかけたときの物理量 $B(t)$ の応答を

$$\Delta B(t) = \int_{-\infty}^t \Phi(t-t') F(t') \tag{406}$$

と書き表そう．$\Delta B(t)$ は B の熱平衡値からの変化である．とくに，$F = \delta(t)$ で与えられるパルス的な外力に対する応答 $\Phi_{BA}(t)$ を応答関数，$F = \theta(-t)$ の外力に対する応答 $\Psi_{BA}(t)$ を緩和関数とよぶ．ここで，$\theta(t)$ は $t<0$ で 1，$t>0$ で 0 をとる関数で，$t=0$ でそれまでかかっていた外力を取り除くときの変化を調べることになる．両者のあいだには

$$\Phi(t) = -\frac{d\Psi(t)}{dt} \tag{407}$$

の関係が成立する．また，式 (389) のような振動する外力に対する応答 $\chi_{BA}(\omega)$ (式 (393)) を複素感受率とよぶ．

5.2.6 揺動散逸定理

応答関数のスペクトル強度 $f_{BA}(\omega)$ と時間相関関数のスペクトル強度 $g_{BA}(\omega)$ のあいだの関係を議論する. $f_{BA}(\omega)$ は応答関数のフーリエ変換

$$f_{BA}(\omega) = \int_{-\infty}^{\infty} dt\, e^{i\omega t} \Phi_{BA}(t) \tag{408}$$

で与えられ, $g_{BA}(\omega)$ は

$$g_{BA}(\omega) = \int_{-\infty}^{\infty} dt\, e^{i\omega t} C_{BA}(t) \tag{409}$$

である. ここで, $C_{BA}(t)$ は, 物理量 A と B の対称化した時間相関関数

$$C_{BA}(t) = \frac{1}{2}\langle A(t)B + B(t)A\rangle \tag{410}$$

である.

久保の線形応答理論に基づき, $f_{BA}(\omega)$ と $g_{BA}(\omega)$ のあいだの関係を量子統計力学的に導出することができる. その結果,

$$f_{BA}(\omega) = \frac{2i}{\hbar}\tanh\left(\frac{\beta\hbar\omega}{2}\right)g_{BA}(\omega) \tag{411}$$

となるが, これは, 線形応答の係数が相関関数で与えられることを示しており, 揺動散逸定理といわれる. 揺動散逸定理には多くの関係式がある. すでに, 電気伝導度の表式として得たもの (式 (402)) もその 1 つである.

5.3 雑　　音

5.3.1 パワースペクトル

電気抵抗器は熱雑音を発生するが, 雑音は平衡状態におけるゆらぎと関連している. 時間 τ_0 にわたって, ある雑音を記述する物理量 $x(t)$ を観測する. たとえば, $x(t)$ として単位抵抗あたりの電流を考えれば, $x^2(t)$ はジュール熱に対応する. $x(t)$ をフーリエ級数で展開すると

$$x(t) = \sum_n x_n \exp(i\omega_n t) \tag{412}$$

となる. ここで,

$$\omega_n = 2\pi f_n = \frac{2\pi n}{\tau_0} \quad (n = \pm 1, \pm 2, \cdots) \tag{413}$$

で，f_n は振動数である．$x(t)$ が実数であることから，$x_n{}^* = x_{-n}$ である．時間平均を

$$\overline{A} = \frac{1}{\tau_0} \int_0^{\tau_0} A\,\mathrm{d}t \tag{414}$$

と表すと，

$$\overline{x^2(t)} = \sum_n |x_n|^2 \tag{415}$$

となる．

いろいろな雑音のサンプルをとり，振動数成分の強度の平均をとることを考える．幅 Δf の振動数成分について

$$G(f)\Delta f = 2\sum_f^{f+\Delta f} |x_n|^2 \tag{416}$$

で定義される $G(f)$ をパワースペクトルとよぶ．積分の前の 2 は，正の振動数 $(n > 0)$ だけを考えたためである．時間平均をアンサンブル平均で置きかえると，

$$\langle x^2(t) \rangle = \sum_n \langle |x_n|^2 \rangle = \int_0^\infty G(f)\,\mathrm{d}f \tag{417}$$

となるが，全強度のアンサンブル平均はパワースペクトルの積分で与えられることになる．

5.3.2 ウィーナー–ヒンチンの定理

ここで，時間相関関数を

$$C(\tau) = \langle x(t)x(t+\tau) \rangle \tag{418}$$

により定義する．雑音は定常状態にあり，時間の差だけによるとした．相関関数は τ に関して偶関数である．

$$C(\tau) = 2\sum_{n>0} \langle |x_n|^2 \rangle \cos \omega_n \tau \tag{419}$$

と計算されるので,

$$C(\tau) = \int_0^\infty G(f)\cos(2\pi f\tau)\,\mathrm{d}f \tag{420}$$

の関係が得られる．時間相関関数が，パワースペクトルで表されることになる．$\tau = 0$ とすれば，式 (417) が得られる．式 (420) のフーリエ逆変換を求めれば，

$$G(f) = 4\int_0^\infty C(\tau)\cos(2\pi f\tau)\mathrm{d}\tau \tag{421}$$

の関係が得られる．パワースペクトルが時間相関関数から求まることになる．このような相関関数とパワースペクトルの関係を，ウィーナー–ヒンチン (Wiener-Khinchine) の定理とよぶ．

相関関数が $C(\tau) = C(0)\mathrm{e}^{-|\tau|/\tau_c}$ で与えられる場合を考える．τ_c は相関時間あるいは時定数とよばれる．その場合にフーリエ変換を計算すると

$$G(f) = \frac{4C(0)\tau_c}{1+(2\pi f\tau_c)^2} \tag{422}$$

となる．関数の形から，このような雑音をローレンツ型雑音とよぶ．とくに，$C(\tau) = c\delta(\tau)$ のときには，

$$G(f) = 2c \tag{423}$$

となるが，そのような雑音を白色雑音という．あらゆる振動数成分を等しい強度で含んでいる．ローレンツ型雑音で $\tau_0 \to 0$ の極限の場合になっている．

5.3.3　ナイキストの定理

電気抵抗が R である電気抵抗器の電圧のゆらぎに関するパワースペクトルは

$$G(f) = 4k_\mathrm{B}TR \tag{424}$$

で与えられ，白色雑音となる．この関係をナイキストの定理とよぶ．ここに $k_\mathrm{B}T$ が登場するのは，平衡状態における電荷あるいは電流のゆらぎの

実現確率がボルツマン分布により決まるからである．

5.4 ボルツマン方程式

5.4.1 ボルツマン方程式

　気体の熱力学的性質をそれを構成する原子・分子の運動により説明する気体分子運動論は，18世紀にベルヌーイが先駆的に論じたが，1860年にマクスウェルにより体系化された．気体分子の速度分布関数を考えることにより，気体の圧力，体積，温度の関係を与える状態方程式をミクロな立場から説明することができるが，その分布関数の時間発展を扱うことを考えよう．熱平衡状態では分子の空間分布は一様であると考えられる．数密度に不均衡があると，一様になるように拡散が起こる．非平衡状態では，分布関数は場所に依存し，また時間的に変化する．

　座標が $r \sim r + dr$，速度が $v \sim v + dv$ にある分子数を $f(r, v, t)\,dr\,dv$ と書き，$f(r, v, t)$ を分布関数とよぶ．分子は動きまわり，また衝突が起こるので，$f(r, v, t)$ の時間的変化は，陽に含まれる t だけでなく分子が動くことによる r, v を介しての時間依存性をも考慮しなくてはならない．すなわち，

$$\frac{df}{dt} = \frac{\partial f}{\partial t} + \dot{r} \cdot \frac{\partial f}{\partial r} + \dot{v} \cdot \frac{\partial f}{\partial v} \tag{425}$$

となるが，ここで $\dot{r} = v$ であり，外力 F がはたらいているときには $\dot{v} = F/m$ である．このような分布関数の時間変化が衝突によって起こる分布の変化に等しいとするのがボルツマン方程式で

$$\frac{\partial f}{\partial t} + v \cdot \frac{\partial f}{\partial r} + \frac{F}{m} \cdot \frac{\partial f}{\partial v} = \left(\frac{\partial f}{\partial t}\right)_c \tag{426}$$

と表される．右辺は衝突項とよばれる．

5.4.2 緩和時間近似

　衝突項は一般的には複雑な式となるが，それを

$$\left(\frac{\partial f}{\partial t}\right)_{\mathrm{c}} = -\frac{f - f_0}{\tau} \tag{427}$$

と近似するのが，緩和時間近似である．ここで，f_0 は熱平衡における分布関数であり，τ を緩和時間とよぶ．空間的に一様で，また外力がない場合には式 (426) を考えると容易にわかるように，緩和時間は平衡状態に指数関数的に緩和していく時間の目安を与える．

5.4.3 　固体中の電子の運動

例として，固体中の電子の運動への応用を考える．電子の分布関数 f が $\boldsymbol{r}$ に依存しないと仮定し，緩和時間近似を用いると

$$\frac{\partial f}{\partial t} + \frac{\boldsymbol{F}}{m} \cdot \frac{\partial f}{\partial \boldsymbol{v}} = -\frac{f - f_0}{\tau} \tag{428}$$

となる．ここで電子 1 個あたりの速度の平均値

$$\boldsymbol{v}_{\mathrm{d}} = \frac{1}{N}\int \boldsymbol{v} f(\boldsymbol{v}, t)\,\mathrm{d}\boldsymbol{r}\,\mathrm{d}\boldsymbol{v} \tag{429}$$

をドリフト速度とよぶことにする．式 (428) に $\boldsymbol{v}$ を掛けて積分することにより

$$\frac{\mathrm{d}\boldsymbol{v}_{\mathrm{d}}}{\mathrm{d}t} + \frac{1}{mN}\int \boldsymbol{v}\left(\boldsymbol{F}\cdot\frac{\partial f}{\partial \boldsymbol{v}}\right)\mathrm{d}\boldsymbol{r}\,\mathrm{d}\boldsymbol{v} = -\frac{\boldsymbol{v}_{\mathrm{d}}}{\tau} \tag{430}$$

となるが，左辺第 2 項を計算することができ，結局

$$\frac{\mathrm{d}\boldsymbol{v}_{\mathrm{d}}}{\mathrm{d}t} - \frac{\boldsymbol{F}}{m} = -\frac{\boldsymbol{v}_{\mathrm{d}}}{\tau} \tag{431}$$

が得られる．電子に一様な電場 $\boldsymbol{E}$ がはたらいているときには，電子の電荷を e として力は $\boldsymbol{F} = e\boldsymbol{E}$ で与えられ，式 (431) は

$$m\frac{\mathrm{d}\boldsymbol{v}_{\mathrm{d}}}{\mathrm{d}t} = e\boldsymbol{E} - \frac{m}{\tau}\boldsymbol{v}_{\mathrm{d}} \tag{432}$$

と書き直すことができる．この式は，ドリフト速度で運動している電子が電場により加速され，右辺第 2 項で表される速度と逆向きで大きさが速度に比例する抵抗力を受けて運動する運動方程式を意味する．定常状態では

$$\boldsymbol{v}_{\mathrm{d}} = \frac{e\tau}{m}\boldsymbol{E} \tag{433}$$

となり,ドリフト速度は電場に比例する. $\boldsymbol{v}_\mathrm{d} = \mu \boldsymbol{E}$ で定義される比例係数 μ を移動度というが,

$$\mu = \frac{e\tau}{m} \tag{434}$$

となることが導かれる.

このようにして,ボルツマン方程式を出発点に,固体電子論における輸送係数の 1 つである移動度が得られる.同様にして,電気伝導度,熱伝導度,拡散係数なども論じることができる.

5.5 フォッカー–プランク方程式

5.5.1 速度分布の時間発展

ブラウン運動を論じる際に,速度 v に対する確率微分方程式,すなわち,ランジュバン方程式 (367) を扱った.一方,v の分布 $P(v,t)$ に関する時間発展を考えることができる.速度の増分を

$$\Delta v = v(t + \Delta t) - v(t) \tag{435}$$

とおいて,また,式 (371), (372) に注意すると,

$$\lim_{\Delta t \to 0} \langle \Delta v(t) \rangle / \Delta t = -\gamma v(t) \tag{436}$$

$$\lim_{\Delta t \to 0} \langle [\Delta v(t)]^2 \rangle / \Delta t = A \tag{437}$$

となる.このことを用いると,速度分布 $P(v,t)$ の時間発展の微分方程式として

$$\frac{\partial}{\partial t} P(v,t) = \gamma \frac{\partial}{\partial v} \Big[v P(v,t) \Big] + \frac{A}{2} \frac{\partial^2}{\partial v^2} P(v,t) \tag{438}$$

が得られる.これは,拡散方程式を一般化したものになっており,フォッカー–プランク方程式の 1 つである.式 (438) は線形のフォッカー–プランク方程式である.

初期条件として $\delta(v - v_0)$ を選ぶと

$$P(v,t) = \frac{1}{\sqrt{2\pi\sigma^2(t)}} \exp\left[-\frac{(v-v_0 e^{-\gamma t})^2}{2\sigma^2(t)}\right] \tag{439}$$

が方程式 (438) の基本解となっていることを容易に示すことができる．ここで，

$$\sigma^2(t) = \frac{A}{2\gamma}(1-e^{-2\gamma t}) \tag{440}$$

である．確かに，平均と分散が，式 (373), (375) で与えられることになる．

5.5.2 フォッカー–プランク方程式の応用

フォッカー–プランク方程式は，ランダムな力が時間的に無相関（ガウス型白色雑音）を仮定しているが，非線形なランジュバン方程式にも有効であるという利点がある．物理学の問題だけでなく，神経回路，人口移動，経済学などをはじめとして，広く生物現象や社会現象の解析に用いられている．

5.6 その他の理論について

上に述べた事項の他にも，重要な項目が多数あるが，紙数の都合で割愛した．たとえば，久保公式を具体的に計算する際には，松原の温度グリーン関数の方法や中嶋–ツバンツィッヒ–森の射影演算子の方法などがよく使われる．また，臨界点近傍での輸送係数の異常性を調べる際には，フィックスマン–川崎のモード・モード結合の方法が有効に利用されている．また，不安定点からの秩序生成に関しては，鈴木によって導入された過渡現象のスケーリング理論により，巨視的秩序生成過程では初期のゆらぎ，途中のランダムな力と系の非線形性との相乗効果が重要であることが示されている．

演 習 問 題

[1] 式 (392) で,
$$X(t) = \mathrm{Tr}\left(e^{-i\mathscr{H}_0 t/\hbar}[A,\rho_0]e^{i\mathscr{H}_0 t/\hbar}B\right)$$

とおくとき，
$$\frac{dX(t)}{dt} = -\text{Tr}\left([B(t), \dot{A}]\rho_0\right)$$
と表されることを示せ．ここで，$B(t)$ は B のハイゼンベルグ表示

$$B(t) = e^{i\mathcal{H}_0 t/\hbar} B e^{-i\mathcal{H}_0 t/\hbar}$$

であり，$\dot{A}$ は

$$\dot{A} = (i/\hbar)[\mathcal{H}_0, A]$$

で定義される演算子である．

[2] $t = 0$ で $x = 0$ にあった粒子が時刻 t において位置 x にある確率を $P(0,0|x,t) = P(x,t)$ と書くことにする．次に起こる事象の確率が，それまでどのような運動をしてきたかの経過とは関係なく，現在の状態によってのみ決定される場合 (マルコフ過程) に

$$P(x,t) = \int_{-\infty}^{\infty} P(x-\ell, t-\tau) P(\ell, \tau) \, d\ell$$

が成り立つ．この式はチャップマン–コルモゴルフの式とよばれる．ブラウン粒子の運動を考え．この式で $P(x-\ell, t-\tau)$ を τ, ℓ が小さいときにテイラー展開をすることにより，$P(x,t)$ に対する微分方程式を導け．ブラウン運動について $\Delta t \sim (\Delta x)^2$ であるので，τ について 1 次，ℓ について 2 次まで展開せよ．

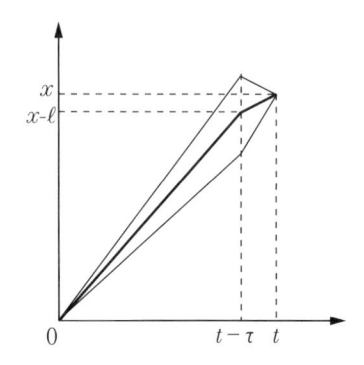

[3] 式 (439) が微分方程式 (438) を満足することを示せ．

参 考 文 献

本書は『物理学大事典』の1章として書かれたものを基にしているので，項目を細かく設定し，熱・統計力学の骨格を解説している．しかし，具体的な例が多少乏しく，演習問題も限られている．より深く学習する場合には，他書も参照されたい．比較的最近出版された参考文献をあげる．

[1] 三宅　哲：熱力学，裳華房，1989.
[2] 田崎晴明：熱力学—現代的な視点から，培風館，2000.
[3] 清水　明：熱力学の基礎，東京大学出版会，2007.
[4] 長岡洋介：統計力学，岩波基礎物理シリーズ，岩波書店，1994.
[5] 阿部龍蔵：熱統計力学，裳華房，1995.
[6] 岡部　豊：統計力学，裳華房，2000.
[7] 小田垣孝：統計力学，裳華房，2001.
[8] 土井正男：統計力学，物理の考え方2，朝倉書店，2006.
[9] 北原和夫：非平衡系の統計力学，岩波基礎物理シリーズ，岩波書店，1997.
[10] 阿部龍蔵：統計力学（改訂版），東京大学出版会，1992.
[11] 鈴木増雄：統計力学，現代物理学叢書，岩波書店，2000.
[12] 西川恭治，森　弘之：統計物理学，朝倉物理学大系10，朝倉書店，2000.
[13] 今田正俊：統計物理学，丸善，2004.
[14] 久保亮五編：大学演習 熱学・統計力学（修訂版），裳華房，1998.
[15] 広池和夫，田中　実：演習 熱力学・統計力学（新訂版），サイエンス社，2000.

[1]〜[3]は熱力学，[4]〜[8]は統計力学，[9]は非平衡統計力学の学部向けの教科書である．[10]〜[13]はさらに上級の教科書である．4.1.3項の不完全気体のWの展開は[10]などを，また，5.6節の非平衡系のその他の理論に関しては[11]などを参照されたい．[14]〜[15]は演習書である．[14]は英訳もされ，熱・統計力学の分野の演習問題を網羅した決定版といえるが，すべての問題に取り組むにはハードルが高く，コンパクトな[15]も好著である．

演習問題の解答

1 章

[1] 一般に，命題 A, B が与えられ，A, B を否定する命題を A′, B′ とすると，A → B を証明する代りに，対偶 B′ → A′ を示せばよい．ここで，クラウジウスの原理を命題 A，トムソンの原理を命題 B とする．

A′ が成立すると，熱は低温物体から高温物体にひとりでに移動することになる．カルノーサイクル C を動かし，高温物体から Q_1 の熱量を吸収し，低温物体へ Q' の熱量を放出したとする．サイクル C はその差 $Q_1 - Q'$ の仕事を外部に対して行う．ここで，A′ が成立するとして Q' の熱量をひとりでに高温物体に移動させると，低温物体における変化が帳消しとなる．けっきょく，高温物体の熱量 $Q_1 - Q'$ がひとりでに仕事に変わることになり，B′ が成立する．すなわち，A′ → B′ が証明された．これは B → A を証明したことになる．

逆に，B′ が正しいと仮定すると，熱のすべてがひとりでに仕事に変わる．低温物体の熱量 Q' がひとりでに仕事になったとして，この仕事を使い逆カルノーサイクル C̄ を動かす．その際，低温物体から Q_2 の熱量が失われたとすれば，外部の仕事は打ち消しあっているので，けっきょく，低温物体から $Q_2 + Q'$ の熱量がひとりでに高温物体へ移動したことになる．すなわち，B′ → A′ が示された．これは A → B を証明したことになる．

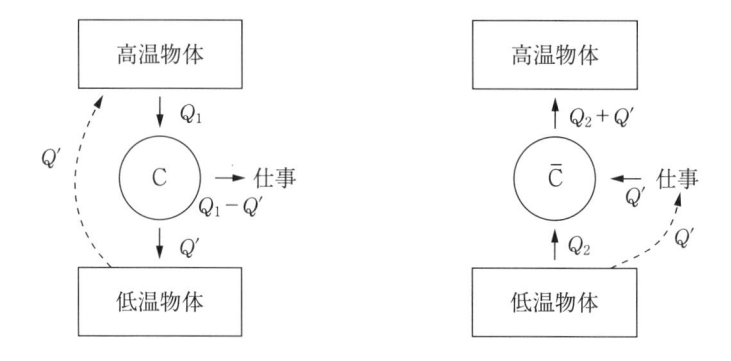

[2] $U = U(V, T)$ とみなすと
$$dU = \left(\frac{\partial U}{\partial V}\right)_T dV + \left(\frac{\partial U}{\partial T}\right)_V dT$$
が得られる．また，
$$-pdV + TdS = -pdV + T\left\{\left(\frac{\partial S}{\partial V}\right)_T dV + \left(\frac{\partial S}{\partial T}\right)_V dT\right\}$$
であるので，
$$\left(\frac{\partial U}{\partial V}\right)_T = T\left(\frac{\partial S}{\partial V}\right)_T - p$$
が導かれる．ここで，式 (38) のマクスウェルの関係式
$$\left(\frac{\partial S}{\partial V}\right)_T = \left(\frac{\partial p}{\partial T}\right)_V$$
を用いて
$$\left(\frac{\partial U}{\partial V}\right)_T = T\left(\frac{\partial p}{\partial T}\right)_V - p$$
が得られる．なお，この式の右辺は状態方程式を与えれば計算できる．

$p = f(V)T$ のときは，
$$\left(\frac{\partial p}{\partial T}\right)_V = f(V) = \frac{p}{T}$$
であるので，
$$\left(\frac{\partial U}{\partial V}\right)_T = T\frac{p}{T} - p = 0$$
となり，内部エネルギー U は体積 V によらない．

[3] (1) 一般に，微分について
$$dx = \left(\frac{\partial x}{\partial y}\right)_z dy + \left(\frac{\partial x}{\partial z}\right)_y dz$$
の関係が成り立つので，書き換えると
$$dy = \left(\frac{\partial y}{\partial x}\right)_z dx - \left(\frac{\partial x}{\partial z}\right)_y \left(\frac{\partial y}{\partial x}\right)_z dz$$
となる．ここで，$dx = 0$ として両辺を dz で割ると
$$\left(\frac{\partial y}{\partial z}\right)_x = -\left(\frac{\partial x}{\partial z}\right)_y \left(\frac{\partial y}{\partial x}\right)_z$$
となるので，一般的に

$$\left(\frac{\partial x}{\partial y}\right)_z \left(\frac{\partial y}{\partial z}\right)_x \left(\frac{\partial z}{\partial x}\right)_y = -1$$

の関係が成り立つ．ここで $x \to T, y \to V, z \to p$ とおくと

$$\left(\frac{\partial T}{\partial V}\right)_p \left(\frac{\partial V}{\partial p}\right)_T \left(\frac{\partial p}{\partial T}\right)_V = -1$$

が得られる．したがって，定圧膨張率 α, 定積圧力係数 β, 等温圧縮率 κ_T の定義式より，

$$\alpha = p\beta\kappa_T$$

となる．

(2) $T = $ 一定 とすれば，合成関数の微分の式から

$$\left(\frac{\partial S}{\partial V}\right)_T = \left(\frac{\partial S}{\partial p}\right)_T \left(\frac{\partial p}{\partial V}\right)_T$$

となる．さらに，式 (39) のマクスウェルの関係式を用いて

$$\left(\frac{\partial S}{\partial V}\right)_T = -\frac{\left(\frac{\partial V}{\partial T}\right)_p}{\left(\frac{\partial V}{\partial p}\right)_T} = \frac{\alpha}{\kappa_T}$$

が得られる．

[4] (1) 外からする仕事は

$$W = -\int_{V_1}^{0} p_1 \, dV - \int_{0}^{V_2} p_2 \, dV = p_1 V_1 - p_2 V_2$$

であり，一方，熱力学第 1 法則より

$$U(p_2, V_2) - U(p_1, V_1) = p_1 V_1 - p_2 V_2$$

である．断熱過程であるので，

$$U_1 + p_1 V_1 = U_2 + p_2 V_2 = 一定$$

すなわち，エンタルピー $H = U + pV$ が一定であることが示される．

(2) エンタルピーが一定であるので

$$dH = TdS + Vdp = 0$$

であり，ここで，$S = S(p, T)$ とみなすと

$$T\Big\{\Big(\frac{\partial S}{\partial T}\Big)_p dT + \Big(\frac{\partial S}{\partial p}\Big)_T dp\Big\} + V dp = 0$$

となる．式 (44)，式 (39)，すなわち，

$$T\Big(\frac{\partial S}{\partial T}\Big)_p = C_p, \quad \Big(\frac{\partial S}{\partial p}\Big)_T = -\Big(\frac{\partial V}{\partial T}\Big)_p$$

を代入すると，

$$C_p dT + \Big\{-T\Big(\frac{\partial V}{\partial T}\Big)_p + V\Big\} dp = 0$$

となる．したがって

$$\Big(\frac{\partial T}{\partial p}\Big)_H = \frac{1}{C_p}\Big\{T\Big(\frac{\partial V}{\partial T}\Big)_p - V\Big\}$$

が得られる．

[**5**] ファンデルワールス気体については

$$\Big(\frac{\partial V}{\partial T}\Big)_p = \frac{RV^3(V-b)}{RTV^3 - 2a(V-b)^2}$$

であるので，

$$\Big(\frac{\partial T}{\partial p}\Big)_H = \frac{V}{C_p}\frac{2a(V-b)^2 - bRTV^2}{RTV^3 - 2a(V-b)^2}$$

と計算される．a, b が小さいとして 1 次までとると

$$\Big(\frac{\partial T}{\partial p}\Big)_H \simeq \frac{V}{C_p}\frac{(2a-bRT)V^2}{RTV^3} = \frac{2a-bRT}{C_p RT}$$

となる．

$$T = \frac{2a}{bR}$$

で符号が変わり，

$$T > \frac{2a}{bR} \text{ のとき } \Big(\frac{\partial T}{\partial p}\Big)_H < 0, \quad T < \frac{2a}{bR} \text{ のとき } \Big(\frac{\partial T}{\partial p}\Big)_H > 0$$

となる．

[**6**] (1) エントロピーの変化 dS を

$$dS = \Big(\frac{\partial S}{\partial H}\Big)_M dH + \Big(\frac{\partial S}{\partial M}\Big)_H dM$$

と表すことができるので，断熱過程 $dS = 0$ では，

$$\left(\frac{\partial M}{\partial H}\right)_S = -\frac{\left(\frac{\partial S}{\partial H}\right)_M}{\left(\frac{\partial S}{\partial M}\right)_H}$$

となる.

(2) 同様に，等温過程 $dT = 0$ では，

$$\left(\frac{\partial M}{\partial H}\right)_T = -\frac{\left(\frac{\partial T}{\partial H}\right)_M}{\left(\frac{\partial T}{\partial M}\right)_H}$$

となる． M 一定の比熱は $C_M = T\left(\frac{\partial S}{\partial T}\right)_M$，$H$ 一定の比熱は $C_H = T\left(\frac{\partial S}{\partial T}\right)_H$ であり，断熱磁化率の表式を変形すると，

$$\chi_S = \left(\frac{\partial M}{\partial H}\right)_S = -\frac{\left(\frac{\partial S}{\partial T}\right)_M \left(\frac{\partial T}{\partial H}\right)_M}{\left(\frac{\partial S}{\partial T}\right)_H \left(\frac{\partial T}{\partial M}\right)_H}$$
$$= \frac{C_M}{C_H}\left(\frac{\partial M}{\partial H}\right)_T = \frac{C_M}{C_H}\chi_T$$

が得られる．

なお，気体の熱力学と $M \to -V$, $H \to p$ の対応関係があるので，気体の場合には，

$$\left(\frac{\partial p}{\partial V}\right)_S = \frac{C_p}{C_V}\left(\frac{\partial p}{\partial V}\right)_T$$

となる．すなわち，式 (88) が理想気体に限らず一般的な関係式であることが示される．

[7] (1) 2つの理想気体の占める体積は

$$V_1 = \frac{nRT}{p_1}, \quad V_2 = \frac{nRT}{p_2}$$

であるので，混合前のそれぞれの気体のエントロピーは

$$S_1 = n\left(C_V \log T + R \log \frac{nRT}{np_1} + S_0\right)$$
$$S_2 = n\left(C_V \log T + R \log \frac{nRT}{np_2} + S_0\right)$$

である．一方，混合後は

$$S = 2n\left(C_V \log T + R \log \frac{nRT}{2n}\left(\frac{1}{p_1} + \frac{1}{p_2}\right) + S_0\right)$$

となるので，エントロピー変化 ΔS は

$$\Delta S = 2nR\log\left[\frac{1}{2}\left(\frac{1}{p_1}+\frac{1}{p_2}\right)\right] - nR\left[\log\frac{1}{p_1}+\log\frac{1}{p_2}\right]$$
$$= nR\log\frac{(p_1+p_2)^2}{4p_1p_2}$$

となり，$\Delta S > 0$ である．

(2) 2つの気体の占める体積は

$$V_1 = \frac{nRT_1}{p}, \quad V_2 = \frac{nRT_2}{p}$$

であり，

$$p(V_1+V_2) = nRT_1 + nRT_2 = 2nRT$$

より，混合後の気体の温度 T が求まる．混合前のそれぞれの気体のエントロピーは

$$S_1 = n\Big(C_V\log T_1 + R\log\frac{nRT_1}{np} + S_0\Big)$$
$$S_2 = n\Big(C_V\log T_2 + R\log\frac{nRT_2}{np} + S_0\Big)$$

である．混合後のエントロピーは

$$S = 2n\Big(C_V\log T + R\log\frac{nR}{2np}(T_1+T_2) + S_0\Big)$$

であるので，ΔS は

$$\Delta S = nC_V(2\log T - \log T_1 - \log T_2) + 2nR\log\left[\frac{1}{2}(T_1+T_2)\right]$$
$$\quad - nR(\log T_1 + \log T_2)$$
$$= n(C_V+R)\log\frac{(T_1+T_2)^2}{4T_1T_2}$$

と計算され，$\Delta S > 0$ である．

2 章

[1] (1) N 個の粒子のうち M 個が上の準位 ϵ をとると全エネルギーが $M\epsilon$ となり，そのような微視状態のとりうる数は

$$W_N(M) = \frac{N!}{M!(N-M)!}$$

である．したがって，エントロピーは

$$S = k_\mathrm{B} \log \frac{N!}{M!(N-M)!}$$
$$\simeq -k_\mathrm{B} N \left[\frac{E}{N\epsilon} \log \frac{E}{N\epsilon} + \left(1 - \frac{E}{N\epsilon}\right) \log\left(1 - \frac{E}{N\epsilon}\right) \right]$$

となる．$1/T = \partial S/\partial E$ にしたがい温度 T を計算すると

$$\frac{1}{T} = -\frac{k_\mathrm{B}}{\epsilon} \log \frac{E}{N\epsilon - E}$$

となり，$M < N/2$ $(E < N\epsilon/2)$ のときに $T > 0$ となる．全エネルギーの温度依存性は

$$E = \frac{N\epsilon}{1 + \exp\frac{\epsilon}{k_\mathrm{B} T}}$$

と計算される．

(2) 独立な粒子であるので，状態和は

$$Z = Z_1^N = (1 + \mathrm{e}^{-\beta\epsilon})^N$$

と計算され，エネルギーは

$$E = -N \frac{\partial}{\partial \beta} \log(1 + \mathrm{e}^{-\beta\epsilon}) = \frac{N\epsilon}{1 + \mathrm{e}^{\beta\epsilon}}$$

となる．結果は，ミクロカノニカルアンサンブルの方法で求めたものと一致する．

[2] 調和振動子のハミルトニアンは

$$\mathscr{H} = \frac{p^2}{2m} + \frac{m\omega^2}{2} x^2$$

で与えられるので，1 粒子あたりの状態和は

$$Z_1 = \frac{1}{h} \int_{-\infty}^{\infty} dp \int_{-\infty}^{\infty} dx \, \exp\left[-\beta\left(\frac{p^2}{2m} + \frac{m\omega^2}{2} x^2\right)\right]$$
$$= \frac{1}{h} \sqrt{\frac{2m\pi}{\beta}} \sqrt{\frac{2\pi}{\beta m\omega^2}} = \frac{2\pi}{\beta h\omega}$$

となる．エネルギーは

$$E = -\frac{\partial}{\partial \beta} \log Z_1^N = N \frac{1}{\beta} = Nk_\mathrm{B} T$$

となり，量子論的な計算 (144) の高温極限の表式に一致する．比熱は

$$C_V = Nk_{\mathrm{B}}$$

と計算される.

[3] 前問と同様にして，1粒子あたりの状態和は

$$Z_1 = \frac{1}{h}\int_{-\infty}^{\infty} \mathrm{d}p \int_{-\infty}^{\infty} \mathrm{d}x \, \exp\Big[-\beta\Big(\frac{p^2}{2m} + \frac{m\omega^2}{2}x^2 + Bx^4\Big)\Big]$$

で与えられる．運動量部分は積分をすることができ，

$$Z_1 = \frac{1}{h}\sqrt{\frac{2m\pi}{\beta}}\int_{-\infty}^{\infty}\mathrm{d}x\,\exp\Big[-\beta\Big(\frac{m\omega^2}{2}x^2 + Bx^4\Big)\Big]$$

となる．

低温では x^2 の調和ポテンシャルの寄与が大きいので，比熱は前問で求めた Nk_{B} となる．高温では x^4 の非調和項の寄与が大きくなるが，変数変換をするだけで，状態和のポテンシャル部分が $\sim \beta^{-1/4}$ であることがわかる．比熱は，運動エネルギーからの寄与 $(1/2)Nk_{\mathrm{B}}$ とポテンシャルエネルギーからの寄与 $(1/4)Nk_{\mathrm{B}}$ を合わせて，$(3/4)Nk_{\mathrm{B}}$ となることを示せる．中間温度領域では両極限の間の値をとるが，Nk_{B} から $(3/4)Nk_{\mathrm{B}}$ への変わり目の目安となるのは x^2 項と x^4 項の寄与が等しくなる

$$T_0 = \frac{1}{k_{\mathrm{B}}}\Big(\frac{m\omega^2}{2}\Big)^2\frac{1}{B}$$

程度の温度である．数値的に

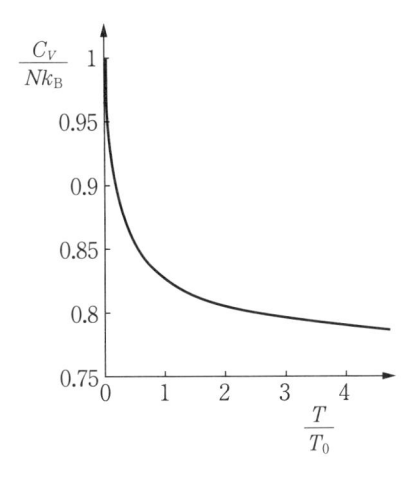

$$\frac{C_V}{N} = k_B \beta^2 \frac{\partial^2}{\partial \beta^2}\left(\log Z_1\right)$$

を用いて比熱を計算した結果を図にして示す．C_V/Nk_B を T/T_0 に対してプロットしてある．

3章

[1] 式 (237) と式 (239) を式 (241) に代入すると

$$N = \int_0^\infty D(\epsilon) f(\epsilon)\, d\epsilon = 2\pi g V \left(\frac{2m}{h^2}\right)^{2/3} \int_0^\infty \epsilon^{1/2} e^{-\beta(\epsilon-\mu)}\, d\epsilon$$
$$= 2\pi g V \left(\frac{2m k_B T}{h^2}\right)^{2/3} \Gamma\left(\frac{3}{2}\right) e^{\beta\mu} = g V \left(\frac{2\pi m k_B T}{h^2}\right)^{2/3} e^{\beta\mu}$$

と計算されるので，与式が示された．ここで，ガンマ関数 (式 (122)) を用いている．

[2] 式 (228), (234) を用いると，式 (198) の関係から，ボース統計，フェルミ統計をあわせて，

$$pV = -\Omega = \mp \frac{1}{\beta} \int_0^\infty \log(1 \mp e^{\beta(\mu-\epsilon)})\, D(\epsilon)\, d\epsilon$$

という表式が得られる．複号の順は，上がボース統計，下がフェルミ統計とする．

$$\frac{dD_0(\epsilon)}{d\epsilon} = D(\epsilon)$$

により $D_0(\epsilon)$ を定義して，部分積分を行うと，

$$pV = \mp \frac{1}{\beta}\left[\log(1 \mp e^{\beta(\mu-\epsilon)}) D_0(\epsilon)\right]\Big|_0^\infty \pm \frac{1}{\beta} \int_0^\infty \frac{\pm\beta\, e^{\beta(\mu-\epsilon)}}{1 \mp e^{\beta(\mu-\epsilon)}}\, D_0(\epsilon)\, d\epsilon$$

となるが，3次元理想気体の場合には $D(\epsilon) \propto \epsilon^{1/2}$ であり，$D_0(\epsilon) = \frac{2}{3}\epsilon D(\epsilon)$ となることに注意して

$$pV = \int_0^\infty \frac{1}{e^{\beta(\epsilon-\mu)} \mp 1} \frac{2}{3}\epsilon D(\epsilon)\, d\epsilon = \frac{2}{3} E$$

となる．

[3] 3次元理想気体の粒子数 N の表式は次のようになる．

$$N = \frac{gV\sqrt{2} m^{3/2}}{2\pi^2 \hbar^3} \int \frac{\sqrt{\epsilon}\, d\epsilon}{e^{\beta(\epsilon-\mu)} \mp 1}$$

$$= 2\pi g V \left(\frac{2m}{h^2}\right)^{3/2} \beta^{-3/2} \int_0^\infty \mathrm{d}t \frac{t^{1/2}}{\mathrm{e}^{t-\beta\mu} \mp 1}$$

複号の順は,上がボース統計,下がフェルミ統計とする.内部エネルギー E についても同様に,

$$E = 2\pi g V \left(\frac{2m}{h^2}\right)^{3/2} \int \frac{\epsilon \cdot \sqrt{\epsilon}\mathrm{d}\epsilon}{\mathrm{e}^{\beta(\epsilon-\mu)} \mp 1}$$

$$= 2\pi g V \left(\frac{2m}{h^2}\right)^{3/2} \beta^{-5/2} \int_0^\infty \mathrm{d}t \frac{t^{3/2}}{\mathrm{e}^{t-\beta\mu} \mp 1}$$

となる.ここで,高温の条件は $\mathrm{e}^{\beta\mu} \ll 1$ であるので,両式を高温のときに展開すると,

$$\frac{E}{N} \simeq \frac{1}{\beta} \frac{\int_0^\infty \mathrm{d}t\, t^{3/2}(\mathrm{e}^{-t+\beta\mu} \pm \mathrm{e}^{-2t+2\beta\mu})}{\int_0^\infty \mathrm{d}t\, t^{1/2}(\mathrm{e}^{-t+\beta\mu} \pm \mathrm{e}^{-2t+2\beta\mu})}$$

$$= \frac{1}{\beta} \frac{\mathrm{e}^{\beta\mu}\Gamma(\frac{5}{2}) \pm \mathrm{e}^{2\beta\mu}2^{-5/2}\Gamma(\frac{5}{2})}{\mathrm{e}^{\beta\mu}\Gamma(\frac{3}{2}) \pm \mathrm{e}^{2\beta\mu}2^{-3/2}\Gamma(\frac{3}{2})} \simeq \frac{3k_\mathrm{B}T}{2}\left(1 \mp \frac{\mathrm{e}^{\beta\mu}}{2^{5/2}}\right)$$

が得られる.ここで,ガンマ関数 (式 (122)) を用いた.

高温における $\mathrm{e}^{\beta\mu}$ を熱的ドブロイ波長 λ_T (式 (245)) を用いて表すと,エネルギーの高温からの展開式は

$$E = \frac{3Nk_\mathrm{B}T}{2}\left(1 \mp \frac{1}{2^{5/2}}\frac{N}{gV}\lambda_T^3\right)$$

のように書ける.また,前問の結果を用いると,状態方程式について,

$$pV = Nk_\mathrm{B}T\left(1 \mp \frac{1}{2^{5/2}}\frac{N}{gV}\lambda_T^3\right)$$

という関係が得られる.複号は上がボース統計で $-$,下がフェルミ統計で $+$ であるので,量子補正は,ボース統計の場合に見かけの引力,フェルミ統計の場合に見かけの斥力を与えるとみなすことができる.

[4] 高温におけるエントロピーの表式

$$\frac{S}{k_\mathrm{B}} = -\int D(\epsilon)f(\epsilon)(\log f(\epsilon) - 1)\,\mathrm{d}\epsilon$$

に $f(\epsilon) \sim \mathrm{e}^{-\beta(\epsilon-\mu)}$ を代入すると,

$$\frac{S}{k_\mathrm{B}} = -\int D(\epsilon)\Big[-\beta(\epsilon-\mu)\mathrm{e}^{-\beta(\epsilon-\mu)}\Big]\mathrm{d}\epsilon + N$$

$$= -\beta \frac{\partial}{\partial \beta} \int D(\epsilon) \mathrm{e}^{-\beta(\epsilon - \mu)} \mathrm{d}\epsilon + N$$

と書きなおすことができる．式 (239) の状態密度の表式を代入すると，

$$\frac{S}{k_\mathrm{B}} = -\beta \frac{\partial}{\partial \beta} \left[\mathrm{e}^{\beta \mu} g V \left(\frac{2\pi m}{h^2 \beta} \right)^{3/2} \right] + N$$

$$= -N\beta\mu + \frac{5}{2}N$$

となり，式 (244) を用いて，

$$\frac{S}{Nk_\mathrm{B}} = \log \frac{V}{gN} + \frac{3}{2} \log \frac{2\pi m k_\mathrm{B} T}{h^2} + \frac{5}{2}$$

が得られる．これは，式 (138) と一致する．ここでは，量子統計の極限として古典理想気体のエントロピーを導出したので，$1/N!$ の因子を考慮しなくてよかった．すなわち，$1/N!$ の起源が明らかにされたといえる．

[5] 式 (229) を ϵ_k で偏微分することにより

$$-\frac{\partial}{\beta \partial \epsilon_k} \langle n_k \rangle = \langle n_k^2 \rangle - \langle n_k \rangle^2 = \langle (n_k - \langle n_k \rangle)^2 \rangle$$

となる．一方，式 (230) と (235) より，ボース気体とフェルミ気体をあわせて，

$$-\frac{\partial}{\beta \partial \epsilon_k} f_k = \frac{\mathrm{e}^{\beta(\epsilon_k - \mu)}}{(\mathrm{e}^{\beta(\epsilon_k - \mu)} \mp 1)^2} = \frac{\mathrm{e}^{\beta(\epsilon_k - \mu)} \mp 1 \pm 1}{(\mathrm{e}^{\beta(\epsilon_k - \mu)} \mp 1)^2} = f_k(1 \pm f_k)$$

であることから，与式が得られる．

高温では，$f_k \ll 1$ であり，

$$\langle (n_k - \langle n_k \rangle)^2 \rangle \sim f_k$$

となるので，粒子数の相対的なゆらぎが

$$\frac{\sqrt{\langle (n_k - \langle n_k \rangle)^2 \rangle}}{\langle n_k \rangle} \sim \frac{1}{\sqrt{\langle n_k \rangle}}$$

となる．これは，式 (214) の議論と一致する．

[6] フェルミ分布関数を含む積分を

$$I = \int_0^\infty g(\epsilon) f(\epsilon) \mathrm{d}\epsilon$$

と定義し，$g(\epsilon)$ の不定積分を

$$G(\epsilon) = \int_0^\epsilon g(t)\mathrm{d}t$$

と表すと，部分積分を使って I を

$$I = G(\epsilon)f(\epsilon)\Big|_0^\infty - \int_0^\infty G(\epsilon)f'(\epsilon)\mathrm{d}\epsilon$$

と書きなおすことができる．$\epsilon \to \infty$ のときに $G(\epsilon)f(\epsilon) \to 0$ となるとする．フェルミ分布関数は指数関数を含んでいるので，$g(\epsilon)$ として $\epsilon^t\ (t>0)$ のようなべき関数的な依存性の関数を考える場合にはこの条件は成り立っている．一方，$G(0) = 0$ であるので，

$$I = -\int_0^\infty G(\epsilon)f'(\epsilon)\mathrm{d}\epsilon$$

となる．また，フェルミ分布関数を微分すると

$$-f'(\epsilon) = \frac{\beta \mathrm{e}^{\beta(\epsilon-\mu)}}{[\mathrm{e}^{\beta(\epsilon-\mu)}+1]^2}$$

であるので，$G(\epsilon)$ を μ のまわりでテイラー展開し，代入すると

$$I = -G(\mu)\int_0^\infty f'(\epsilon)\mathrm{d}\epsilon - G'(\mu)\int_0^\infty (\epsilon-\mu)f'(\epsilon)\mathrm{d}\epsilon$$
$$-\frac{G''(\mu)}{2}\int_0^\infty (\epsilon-\mu)^2 f'(\epsilon)\mathrm{d}\epsilon$$

となる．計算を進めると

$$I = G(\mu) - \frac{G''(\mu)}{2\beta^2}\int_{-\infty}^\infty \frac{t^2 \mathrm{e}^t}{(\mathrm{e}^t+1)^2}\mathrm{d}t$$

が得られる．ここで現れる定積分は，

$$\int_{-\infty}^\infty \frac{t^2 \mathrm{e}^t}{(\mathrm{e}^t+1)^2}\mathrm{d}t = 2\sum_{n=1}^\infty \frac{1}{n^2} = 2\cdot\frac{\pi^2}{6}$$

と級数和の形に書くことができ，結局，フェルミ分布関数を含む積分 I の低温からの展開式

$$I = \int_0^\infty g(\epsilon)f(\epsilon)\mathrm{d}\epsilon = \int_0^\mu g(\epsilon)\mathrm{d}\epsilon + \frac{1}{\beta^2}\frac{\pi^2}{6}\left(\frac{\mathrm{d}g(\epsilon)}{d\epsilon}\right)_{\epsilon=\mu}$$

が得られることになる．

[7] $D(\epsilon) \propto \epsilon^2$ であると

$$\left.\frac{D'(\epsilon)}{D(\epsilon)}\right|_{\epsilon=\mu_0} = \frac{2}{\mu_0}$$

となるので,式 (268) に対応する化学ポテンシャルの低温における展開は

$$\mu = \mu\Big[1 - \frac{\pi^2}{3}\Big(\frac{k_\mathrm{B}T}{\mu_0}\Big)^2\Big]$$

となる.

4 章

[1] ポテンシャルが 2 粒子間の距離だけに依存するので,極座標を用いて

$$\beta_1 = 4\pi \int_0^\infty (\mathrm{e}^{-\beta v(r)} - 1)\, r^2\, \mathrm{d}r = 4\pi \int_0^a (-1)\, r^2\, \mathrm{d}r = -\frac{4\pi}{3}a^3$$

と計算される.したがって,第 2 ビリアル係数は

$$B_2 = \frac{2\pi}{3}a^3$$

となる.これは,半径が $a/2$ の 1 分子の体積の 4 倍にあたる.

[2] 1 モルのファンデルワールス気体の状態方程式 (103) を変形すると,

$$p = \frac{RT}{V-b} - \frac{a}{V^2} = \frac{RT}{V-b}\Big(1 - \frac{V-b}{RT}\frac{a}{V^2}\Big)$$

であるので,

$$\frac{pV}{RT} = 1 + \Big(b - \frac{a}{RT}\Big)\frac{1}{V} + \frac{b^2}{V^2} + O\Big(\frac{1}{V^3}\Big)$$

と展開される.数密度 $\rho = N/V$ に関する展開式とするためには,1 モルの粒子数がアボガドロ数 N_A であることに注意して,第 2 ビリアル係数,第 3 ビリアル係数が,

$$B_2 = \frac{1}{N_\mathrm{A}}\Big(b - \frac{a}{RT}\Big), \quad B_3 = \frac{1}{N_\mathrm{A}{}^2}b^2$$

と求められる.

[3] (1) N 粒子系の状態和は

$$Z_N = \sum_{\{\sigma_i = \pm 1\}} \prod_i \mathrm{e}^{\beta J \sigma_i \sigma_{i+1} + \beta h(\sigma_i + \sigma_{i+1})/2}$$

と書けるが,各成分が

$$T_{\sigma_i \sigma_{i+1}} = \mathrm{e}^{\beta J \sigma_i \sigma_{i+1} + \beta h(\sigma_i + \sigma_{i+1})/2}$$

で与えられる 2 行 2 列の行列の積で表すことができる．周期的境界条件を考慮すると，対角項だけをとればよく，

$$Z_N = \mathrm{Tr}\, T^N$$

と表される．

(2) 転送行列 T の固有値を求めると，Z_N が

$$Z_N = \lambda_+{}^N + \lambda_-{}^N$$

と計算される．ただし，

$$\lambda_\pm = \mathrm{e}^{\beta J}\left[\cosh(\beta h) \pm \sqrt{\sinh^2(\beta h) + \mathrm{e}^{-4\beta J}}\right]$$

である．$N \to \infty$ では $(\lambda_-/\lambda_+)^N \to 0$ であるので，

$$\begin{aligned} f &= \lim_{N\to\infty} \frac{F}{N} = \lim_{N\to\infty} \frac{-k_\mathrm{B}T\log Z_N}{N} \\ &= -J - k_\mathrm{B}T\log\left[\cosh(\beta h) + \sqrt{\sinh^2(\beta h) + \mathrm{e}^{-4\beta J}}\right] \end{aligned}$$

となる．

(3) $h=0$ のとき，

$$f = -J - k_\mathrm{B}T\log(1 + \mathrm{e}^{-2\beta J})$$

であるので，エネルギーが

$$\frac{E}{N} = \frac{\partial}{\partial \beta}(\beta f) = -J\tanh(\beta J)$$

と計算される．また，比熱は

$$\frac{C_V}{N} = -k_\mathrm{B}\beta^2 \frac{\partial}{\partial \beta}\left(\frac{E}{N}\right) = k_\mathrm{B}\frac{(\beta J)^2}{\cosh^2(\beta J)}$$

となる．エネルギーと比熱の温度依存性を次頁のグラフに示す．

(4) 1 スピンあたりの磁化を

$$m = -\frac{\partial f}{\partial h}$$

により計算すると

$$m = \frac{\sinh(\beta h)}{\sqrt{\sinh^2(\beta h) + \mathrm{e}^{-4\beta J}}}$$

と求められる．

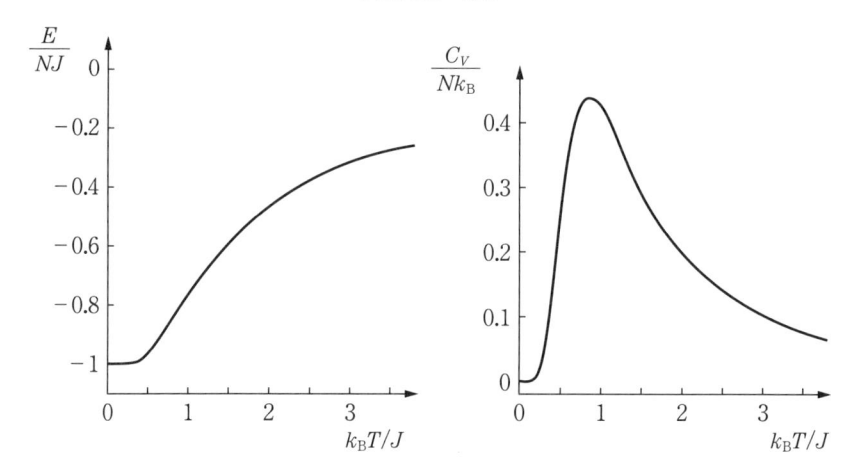

[4] 状態方程式のスケーリング形

$$\frac{h}{m^\delta} = f\left(\frac{t}{m^{1/\beta}}\right)$$

を変形すると

$$\frac{h}{m} = m^{\delta-1} f\left(\frac{t}{m^{1/\beta}}\right)$$
$$= t^{\beta(\delta-1)} \left(\frac{t}{m^{1/\beta}}\right)^{-\beta(\delta-1)} f\left(\frac{t}{m^{1/\beta}}\right)$$

となる．磁化率に関するスケーリング

$$\chi \sim m/h \sim t^{-\gamma}$$

より

$$\gamma = \beta(\delta - 1)$$

が得られる．

[5] $q = 1/2$ の場合は，

$$\exp_{1/2}(x) = (1 + x/2)^2, \quad x > -2$$
$$\log_{1/2}(x) = 2(x^{1/2} - 1), \quad x > 0$$

となる．一方，$q = 3/2$ の場合は，

$$\exp_{3/2}(x) = (1-x/2)^{-2}, \quad x < 2$$
$$\log_{3/2}(x) = -2(x^{-1/2} - 1), \quad x > 0$$

である．

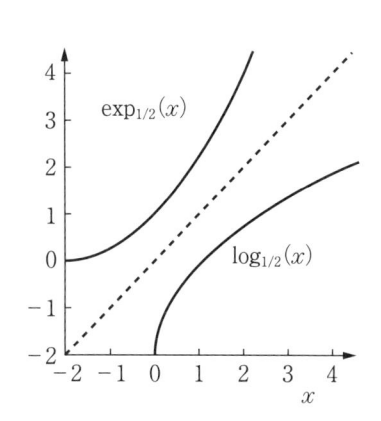

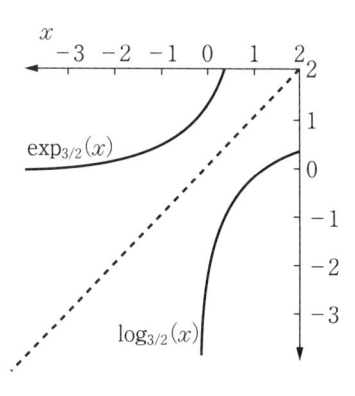

[6] $[a]_+$ の記号は煩雑なので，$a > 0$ の条件が満たされているとして，この記号は顕には書かないことにする．q-指数関数について，

$$\exp_q(x) \otimes_q \exp_q(y) = [1+(1-q)x]^{\frac{1}{1-q}} \otimes_q [1+(1-q)y]^{\frac{1}{1-q}}$$
$$= \left[[1+(1-q)x] + [1+(1-q)y] - 1\right]^{\frac{1}{1-q}}$$
$$= [1+(1-q)(x+y)]^{\frac{1}{1-q}} = \exp_q(x+y)$$

q-対数関数について

$$\log_q(x \otimes_q y) = \log_q([x^{1-q} + y^{1-q} - 1]^{\frac{1}{1-q}}) = \frac{[x^{1-q} + y^{1-q} - 1] - 1}{1-q}$$
$$= \log_q(x) + \log_q(y)$$

が得られる．

5 章
[1] $X(t)$ は

$$X(t) = \mathrm{Tr}\left(\mathrm{e}^{-i\mathscr{H}_0 t/\hbar} A \rho_0 \mathrm{e}^{i\mathscr{H}_0 t/\hbar} B\right) - \mathrm{Tr}\left(\mathrm{e}^{-i\mathscr{H}_0 t/\hbar} \rho_0 A \mathrm{e}^{i\mathscr{H}_0 t/\hbar} B\right)$$

であり，右辺第 1 項を t で微分すると

$$\frac{i}{\hbar}\mathrm{Tr}\left(\mathrm{e}^{-i\mathcal{H}_0 t/\hbar}(-\mathcal{H}_0)A\rho_0\,\mathrm{e}^{i\mathcal{H}_0 t/\hbar}B + \mathrm{e}^{-i\mathcal{H}_0 t/\hbar}A\rho_0\mathcal{H}_0\,\mathrm{e}^{i\mathcal{H}_0 t/\hbar}B\right)$$

$$= -\frac{i}{\hbar}\mathrm{Tr}\left(\mathrm{e}^{-i\mathcal{H}_0 t/\hbar}(\mathcal{H}_0 A - A\mathcal{H}_0)\rho_0\,\mathrm{e}^{i\mathcal{H}_0 t/\hbar}B\right)$$

$$= -\mathrm{Tr}\left(\mathrm{e}^{-i\mathcal{H}_0 t/\hbar}\dot{A}\rho_0\,\mathrm{e}^{i\mathcal{H}_0 t/\hbar}B\right) = -\mathrm{Tr}\left(\dot{A}\rho_0\,\mathrm{e}^{i\mathcal{H}_0 t/\hbar}B\,\mathrm{e}^{-i\mathcal{H}_0 t/\hbar}\right)$$

$$= -\mathrm{Tr}\left(\dot{A}\rho_0 B(t)\right) = -\mathrm{Tr}\left(B(t)\dot{A}\rho_0\right)$$

となる．同様に，右辺第 2 項を微分すると

$$-\frac{i}{\hbar}\mathrm{Tr}\left(\mathrm{e}^{-i\mathcal{H}_0 t/\hbar}(-\mathcal{H}_0)\rho_0 A\,\mathrm{e}^{i\mathcal{H}_0 t/\hbar}B + \mathrm{e}^{-i\mathcal{H}_0 t/\hbar}\rho_0 A\mathcal{H}_0\,\mathrm{e}^{i\mathcal{H}_0 t/\hbar}B\right)$$

$$= \frac{i}{\hbar}\mathrm{Tr}\left(\mathrm{e}^{-i\mathcal{H}_0 t/\hbar}\rho_0(\mathcal{H}_0 A - A\mathcal{H}_0)\,\mathrm{e}^{i\mathcal{H}_0 t/\hbar}B\right)$$

$$= \mathrm{Tr}\left(\rho_0 \dot{A}B(t)\right) = \mathrm{Tr}\left(\dot{A}B(t)\rho_0\right)$$

であるので，

$$\frac{\mathrm{d}X(t)}{\mathrm{d}t} = -\mathrm{Tr}\left((B(t)\dot{A} - \dot{A}B(t))\rho_0\right) = -\mathrm{Tr}\left([B(t),\dot{A}]\rho_0\right)$$

が得られる．

[2] $P(x-\ell, t-\tau)$ を

$$P(x-\ell, t-\tau) = P(x,t) - \tau\frac{\partial P}{\partial t} + \cdots - \ell\frac{\partial P}{\partial x} + \frac{\ell^2}{2}\frac{\partial^2 P}{\partial x^2} + \cdots$$

とテイラー展開して，代入すると，

$$P(x,t) = \int_{-\infty}^{\infty}\left\{P(x,t) - \tau\frac{\partial P}{\partial t} - \ell\frac{\partial P}{\partial x} + \frac{\ell^2}{2}\frac{\partial^2 P}{\partial x^2} - \cdots\right\}P(\ell,\tau)\mathrm{d}\ell$$

となる．$P(x,t)$ は $|x|$ が大きくなると急速に 0 に近づくとして

$$\int_{-\infty}^{\infty}P(\ell,\tau)\mathrm{d}\ell = 1,\quad \frac{1}{\tau}\int_{-\infty}^{\infty}\ell P(\ell,\tau)\mathrm{d}\ell = b,\quad \frac{1}{2\tau}\int_{-\infty}^{\infty}\ell^2 P(\ell,\tau)\mathrm{d}\ell = D$$

とおくと，

$$\frac{\partial P}{\partial t} = -b\frac{\partial P}{\partial x} + D\frac{\partial^2 P}{\partial x^2}$$

が得られる．これもフォッカー–プランク方程式の 1 つである．

[3] 速度分布 $P(v,t)$ として式 (439) を仮定すると，式 (440) から得られる

$$\frac{\partial}{\partial t}\sigma^2(t) = Ae^{-2\gamma t}$$

に注意して

$$\frac{\partial}{\partial t}P = -\frac{Ae^{-2\gamma t}}{2\sigma^2(t)}P - \frac{\gamma v_0(v - v_0 e^{-\gamma t})e^{-\gamma t}}{\sigma^2(t)}P$$
$$+ \frac{Ae^{-2\gamma t}(v - v_0 e^{-\gamma t})^2}{2\sigma^4(t)}P$$
$$\frac{\partial}{\partial v}P = -\frac{(v - v_0 e^{-\gamma t})}{\sigma^2(t)}P$$
$$\frac{\partial^2}{\partial v^2}P = -\frac{1}{\sigma^2(t)}P + \frac{(v - v_0 e^{-\gamma t})^2}{\sigma^4(t)}P$$

が得られる.ここで,式 (440) に示すように

$$\sigma^2(t) = \frac{A}{2\gamma}(1 - e^{-2\gamma t})$$

であるので,

$$\left[\frac{\partial}{\partial t} - \gamma\left(1 + v\frac{\partial}{\partial v}\right) - \frac{A}{2}\frac{\partial^2}{\partial v^2}\right]P = \frac{A}{2\sigma^2(t)}(1 - e^{-2\gamma t}) - \gamma$$
$$+ \frac{\gamma(v - v_0 e^{-\gamma t})^2}{\sigma^2(t)} - \frac{A(v - v_0 e^{-\gamma t})^2}{2\sigma^4(t)} = 0$$

となり,微分方程式を満足する.

$t \to 0$ のとき,$\sigma^2(t) \to At$ となるので,

$$P(v, t \to 0) \to \frac{1}{\sqrt{2\pi At}}\exp\left[-\frac{(v - v_0)^2}{2At}\right] \to \delta(v - v_0)$$

となるので,初期条件も満たす.

索　引

ア　行
アインシュタインの関係　104
アッペル関数　74
アボガドロ数　104
アンサンブル　44
アンサンブル平均　110

イジングモデル　89, 95
移動度　114

ウィーナー–ヒンチンの定理　111
ウィルソン–フィッシャーのくりこみ群理論　96
運動方程式
　　ニュートンの——　35
　　ハイゼンベルクの——　107

エニオン　61
エネルギー準位　42
エネルギー等分配則　28, 71, 104
エネルギーのゆらぎ　55
f 関数 (メイヤーの)　86
エルゴード仮説　36
エルゴード仮定　103
エンタルピー　17
エントロピー　15
　　——の加法性　40
エントロピー増大の法則　16

オイラーの定理　20, 52
応答関数　108

カ　行
外部磁場　89
化学ポテンシャル　19, 53, 63, 67
可逆過程　10
可逆サイクル　11, 13
カノニカルアンサンブル　45, 56, 62, 105
カノニカル分布　48, 107
カルノーサイクル　12, 26
完全 (反) 対称波動関数　60
ガンマ関数　39, 74
緩和関数　108
緩和時間　113

気体定数　24
気体分子運動論　2, 112
ギブス–デュエムの式　20, 52, 54
ギブスの自由エネルギー　17, 21
ギブスの定理　41
ギブスのパラドックス　42
ギブス–ヘルムホルツの式　18, 48
吸収撮像法　79
q–指数関数, 対数関数, 積　98
キュミュラント平均　85
強磁性　89
近似ハミルトニアン　90

久保公式　106, 115
クラウジウスの原理　11
クラウジウスの (不等) 式　14
グランドカノニカルアンサンブル　51, 62
グランドカノニカル分布　53

くりこみ群理論 (ウィルソン–フィッシャーの)　96

剛体球ポテンシャル　87

サ　行

サイクル　11

磁化率　95
時間相関関数　109
示強変数　5, 20
自己無撞着方程式　91
自発磁化　93, 95
シミュレーティドアニーリング法　99
シャルルの法則　23
自由エネルギー　90
　　——の振る舞い　92
　　ギブスの——　17
　　ヘルムホルツの——　17, 21, 48, 50
縮退温度　72
縮退数　47
縮退度　66
ジュール–トムソンの実験　33
ジュール熱　109
ジュールの実験　1, 7
ジュールの法則　25
準静的変化　9
常磁性　89
状態方程式　7, 28, 88, 112
　　ファンデルワールスの——　29
　　理想気体の——　25
状態密度　66
状態量　5
状態和　47, 49
衝突項　112
初期のゆらぎ　115
示量性　42
示量変数　5, 20

スケーリング仮説　95

スターリングの公式　42, 43, 46, 51, 85
ストークスの法則　102
スピン　59, 89
スピン変数　69
スレーター行列式　61

正準運動方程式 (ハミルトンの)　35
正準集団　45
絶対温度　6
線形応答理論　4, 106

相関距離　95
相転移　56, 75, 78, 83, 89

タ　行

大分配関数　52
断熱圧縮率　19
断熱線　26

チャップマン–コルモゴルフの式　116
調和振動子　57

ツァリスエントロピー　97
ツァリス統計力学　98

定圧熱容量　9, 19
定圧比熱　10
定積熱容量　9, 19
定積比熱　9
ディラックのデルタ関数　103
転移温度　94, 95
電子比熱係数　71
電流のゆらぎ　111

等温圧縮率　19
等確率の原理　36, 37
等重率の原理　36
同種粒子多体系　59
トムソンの原理　11
ドリフト速度　113

索　引

ナ 行

ナイキストの定理　4, 111
内部エネルギー　6, 15, 32, 39

2次元イジングモデル　96
ニュートンの運動方程式　35

熱機関　11
熱的ドブロイ波長　67, 76
熱平衡条件　39
熱平衡状態　5, 105
熱平衡値　108
熱容量　9
熱浴　41
熱力学関数　16
熱力学第0法則　5
熱力学第1法則　7
熱力学第2法則　2, 10
熱力学第3法則　23
熱力学的温度　14
熱力学的重率　37
熱力学的不等式　22
熱力学ポテンシャル　53, 63
熱量　6
ネルンストの仮説　23
ネルンスト–プランクの定理　23

ハ 行

ハイゼンベルクの運動方程式　107
ハイゼンベルク表示　108
パウリ原理　61, 68, 72
白色雑音　111
波動関数　59
ハミルトニアン　59, 89, 105
ハミルトンの正準運動方程式　35
パワースペクトル　110, 111

非線形非平衡系　4
比熱　9, 70

標準偏差　55
ビリアル係数　88
ビリアル展開　88

ファンデルワールス気体　30, 83
ファンデルワールスの状態方程式　29
フェルミエネルギー　68
フェルミオン　61
フェルミ縮退　71
フェルミ速度　69
フェルミ統計　61, 64, 88
フェルミ分布　64
フェルミ面　68
フェルミ粒子(系)　59, 61, 64
フォッカー–プランク方程式　114
フォンノイマンの方程式　105
不可逆過程　10
不可逆サイクル　11
不確定性原理(量子力学の)　38
不完全気体　83
複素感受率　108
ブラウン運動　3, 101, 114
プランク定数　38, 59
ブロックスピン　96
分散　55, 103
分子場近似　89
分配関数　47
分布関数　112

平均場近似　89
ベルヌーイの関係　27
ヘルムホルツの自由エネルギー　17, 48, 50

ポアソンの式　25
ボイルの法則　2, 23
ボゴリューボフ不等式　90
ボース–アインシュタイン凝縮　72, 75
ボース統計　61, 65, 88
ボース分布　65
ボース粒子　59, 64
ボソン　61

ボルツマン因子 41
ボルツマン–シャノンエントロピー 49, 97
ボルツマン定数 24, 97
ボルツマン統計 65
ボルツマンの原理 40
ボルツマン方程式 112, 114

マ 行

マイヤーの関係 24, 30
マクスウェルの関係式 18, 19
マクスウェルの規則 31
マクスウェル–ボルツマン分布 65

ミクロカノニカルアンサンブル 45, 56
ミクロカノニカル分布 45
ミクロ粒子 35
未定係数法 (ラグランジュの) 46, 51

メイヤーの f 関数 86

モーメント平均 85
モル比熱 9, 24

ヤ 行

輸送係数 105
ゆらぎ 55, 95
　エネルギーの―― 55
　初期の―― 115
　電流の―― 111
　粒子数の―― 56

揺動散逸定理 4, 109

ラ 行

ラグランジュの未定係数 (法) 46, 51
ラムダ転移 79
ランジュバン方程式 103, 114, 115

リウビルの定理 35
理想気体 24
　――の状態方程式 25
理想フェルミ気体 67
理想ボース気体 72, 79
粒子数のゆらぎ 56
粒子数表示 62
粒子数分布 63
量子調和振動子 42, 50
量子統計力学 3
量子力学 59
　――の不確定性原理 38
臨界圧縮因子 32
臨界圧力 30
臨界温度 30
臨界磁化 94
臨界指数 95, 96
臨界体積 30
臨界点 31

ルジャンドル変換 16

レナード–ジョーンズポテンシャル 86

ローレンツ型雑音 111

著者略歴

岡部　豊(おかべ　ゆたか)

1950年　埼玉県に生まれる
1977年　東京大学大学院理学系研究科博士課程
　　　　単位取得退学
現　在　首都大学東京大学院理工学研究科教授
　　　　理学博士

朝倉物理学選書 4
熱・統計力学

定価はカバーに表示

2008年6月10日　初版第1刷

著　者　岡　部　　　豊
発行者　朝　倉　邦　造
発行所　株式会社　朝　倉　書　店

東京都新宿区新小川町6-29
郵便番号　162-8707
電　話　03(3260)0141
Ｆ Ａ Ｘ　03(3260)0180
http://www.asakura.co.jp

〈検印省略〉

Ⓒ 2008〈無断複写・転載を禁ず〉

中央印刷・渡辺製本

ISBN 978-4-254-13759-0　C 3342　　Printed in Japan